好奇心书系
· 野外识别手册 ·

常见海滨动物
野外识别手册

主编　刘文亮　严　莹

重庆大学出版社

图书在版编目（CIP）数据

常见海滨动物野外识别手册／刘文亮，严莹主编．——重庆：重庆大学出版社，2018.8（2024.8重印）

（好奇心书系·野外识别手册）

ISBN 978-7-5689-0817-7

Ⅰ.①常… Ⅱ.①刘… ②严… Ⅲ.①海滨—水生动物—识别—手册 Ⅳ.①Q958.885.3-62

中国版本图书馆CIP数据核字（2017）第331313号

常见海滨动物野外识别手册

主编 刘文亮 严 莹

策划： 鹿角文化工作室

责任编辑：梁 涛 版式设计：周 娟 陈怀香
责任校对：陈 力 责任印制：赵 晟

*

重庆大学出版社出版发行

出版人：陈晓阳

社址：重庆市沙坪坝区大学城西路21号

邮编：401331

电话：(023) 88617190 88617185（中小学）

传真：(023) 88617186 88617166

网址：http://www.cqup.com.cn

邮箱：fxk@cqup.com.cn（营销中心）

全国新华书店经销

重庆金博印务有限公司印刷

*

开本：787mm×1092mm 1/32 印张：9.5 字数：253千

2018年8月第1版 2024年8月第4次印刷

印数：11 001—14 000

ISBN 978-7-5689-0817-7 定价：49.80元

　　当你在海边踱步，面对包容一切的大海感慨抒怀时，你可知道在你脚边有一个异常忙碌却又陌生的世界？潮水如面纱般掩着他，唯有趁着退潮间隙才能看到真容。世界中的生灵在这生活、繁衍，根本无暇理会你，或只是忙里偷闲瞥上你一眼……何不去探寻一番这个神秘的世界呢？于是印迹于海滩：芦苇如幕，闻莺声百啭；蘘原广袤，看雁过无痕；临风艻影，探蟹宫蜃府。于是泛舟出海：在广阔的大海上对着阳光轻轻睁开眼睛，让海风吻在脸上；入夜时拥抱紫罗兰色的新月和满天的星斗，看水中的夜光虫与繁星交相辉映。

　　然而与这一切美妙的景致相比，有什么能让你更加悸动？那就是叫出海滨世界里那些生灵的名字，只有叫出他们的名字，才能和他们成为朋友，在朋友们的陪伴下，一同开启在大自然中的曼妙之旅。

　　如何才能叫出这些生灵的名字，和他们成为朋友呢？首先要学习一门与大自然沟通的语言，而你现在翻开的正是入门的小辞典。海洋是生命的起源，海滨动物门类繁多，几乎囊括了动物界的所有门。有些物种耳熟能详，是餐桌上的常客；有些物种虽闻所未闻，但一直在海边努力地生存。本手册收录了17个海滨常见的动物门，460余个物种，它不仅是用于识别物种的图谱，更是展现出了动物进化的家谱。希望你可以从中发现形态各异的海滨动物之间的亲缘关系，它们可能属于同一个家庭，或是同一个大家族。

　　本手册是在诸多专业研究人员和业余爱好者的共同努力下完成的，唯有团结一致，才能逐步诠释门类繁杂的海洋生物之全貌。本手册各类群均采用国际最新的分类系统，各物种的拉丁学名均依据"世界海洋物种（WoRMS）"数据库提供的最新资料。

　　感怀已故业师著名海洋生物学家刘瑞玉院士引领我们走向海洋生物的研究之路，赋予我们荣誉和使命；感慨与近海考察开放航次的全体船员和科考队员分享一次次艰辛而又浪漫的旅程；感谢英国自然历史博物馆 David G. Reid 博士、澳大利亚维克多利亚博物馆 Gary C. B. Poore 博士和新加坡国立大学 Peter K. L. Ng 博士等寄赠最新文献；我的硕士研究生梁晓莉、朱小静、宋晨薇和研究助理李恩培协助完成了文稿整理、校对以及图稿清绘工作；上海野鸟会姚力方先生协助征集鸟类照片，在此一并致谢。本手册所涉及的部分野外调查和博物馆标本研究得到了国家自然科学基金（31201704，31201705，31601842，41406185）、华东师范大学生态与环境科学学院、上海市城市化生态过程与生态恢复重点实验室、河口海岸学国家重点实验室（SKLEC-2017TASK07）、南麂列岛国家自然保护区、中国科学院战略生物资源服务网络计划生物标本馆经典分类学青年人才项目（ZSBR-009）的资助。

　　由于水平有限，本手册难免存在错误和不妥之处，恳请广大学者和爱好者批评指正。亦邀请读者朋友们带着本手册到海边转转，看潮涨潮落，不失信约；观潮滩壮美，蠲忿忘忧。和我们一起，踏滩有痕，在面纱褪去后；和我们一起，按下快门，在浪花涧落旁。

刘文亮

丙申年蝉始鸣于崇明西沙

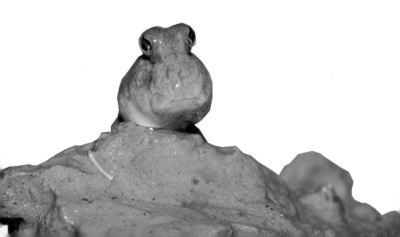

目 录 CONTENTS
SEASHORE ANIMALS

I

目录

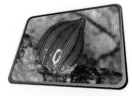

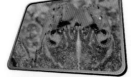

入门知识

Introduction

· 海滨的范围 ·

根据水深和潮汐影响的范围，海底环境通常可分为浪击带、潮间带、潮下带、深海带、深渊带和超深渊带。潮间带指历史最大潮高低潮线之间的区域，其上线至最大高潮溅起的浪花可到达的位置称为浪击带，其下线至下线以下 50 m 左右水深处称为潮下带。

海滨通常泛指潮下带上部至浪击带。海滨区域，尤其是潮间带，还可根据潮汐的影响范围，分为高中低 3 个潮区，这 3 个潮区环境特殊，变化很大，为海洋生物提供了丰富多样的生境，是海洋生物学研究的重要场所，与人类经济关系密切。

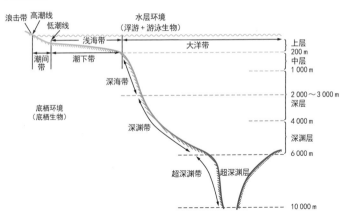

● 海洋环境划分

· 海滨生境的类型 ·

根据底部基质的不同，海滨生境可分为硬底质（岩石、砾石）海滨和软底质（沙、泥沙和泥）海滨。硬底质海滨包含珊瑚礁和海藻床；软底质海滨包括红树林、海草场和滨海盐沼几个生物种类较为丰富的生境。

● 岩石　　　● 砾石　　　● 沙

● 泥沙

珊瑚礁：生长在热带、亚热带海域，由刺胞动物中的某些珊瑚在其生命活动中分泌大量的碳酸钙经世代不断交替堆积而成。珊瑚礁为许多动植物提供了生活环境，其中包括蠕虫、软体动物、海绵、棘皮动物和甲壳动物，此外珊瑚礁还是大洋带鱼类幼鱼的生长地，因此被称为"海洋中的热带雨林"。

● 珊瑚礁

海藻床：为温带和暖温带海域潮间带下区和潮下带数米浅水区硬底质海底大型海藻繁茂丛生的场所。

● 海藻床

红树林：生长在热带、亚热带海岸潮间带中上部，受周期性潮水浸淹，是由以红树植物为主体的常绿灌木或乔木组成的生境。红树林动物区系丰富，有丰富的底栖动物和鱼类，可为许多鸟类提供食物、栖息地及隐蔽的场所。

● 红树林

海草场：生长在热带至温带地区海域潮下带上部至潮间带，是以沉水单子叶植物（海草）为主体组成的生境。海草场是许多动物栖息和隐蔽的场所，也是多种鱼类和底栖动物的育幼场，海草的叶片还可为附生动物提供基质。

● 海草场

滨海盐沼：生长在温带和暖温带海域潮间带中潮区至高潮区，受周期性潮水浸淹，是以盐生挺水草本植物为主体组成的生境。滨海盐沼常由芦苇、米草和莎草科植物形成单优势种群落。盐沼植物可为底栖动物提供丰富的食物，底栖动物优势种密度通常很高；同时也为鸟类提供觅食和筑巢的场所。

● 滨海盐沼

● 滨海盐沼

· 海滨动物的分类类群 ·

当前国际最新的生物分类系统将现生生物分为七界，原核生物超界 Prokaryota：古菌界 Archaea 和细菌界 Bacteria；真核生物超界 Eukaryota：原生动物界 Protozoa、色素界 Chromista、真菌界 Fungi、植物界 Plantae 和动物界 Animalia (Ruggiero et al., 2015)。

对于动物界的划分，Zhang (2013) 的方案较为完整，将动物界分为 40 个门（含 1 个已灭绝的化石门——三叶动物门 Trilobozoa），共包括 150 多万个现生物种。除有爪动物门仅分布于陆地、微颚动物门分布于淡水外，其他各门在海洋中均有分布；其中除微轮动物门固着生活于较深处的挪威海螯虾口器上外，其他各门均可在海滨分布。

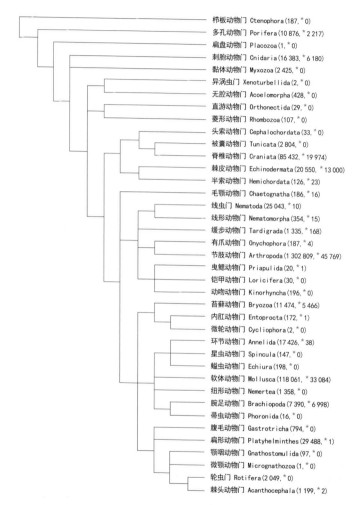

栉板动物门 Ctenophora (187, * 0)
多孔动物门 Porifera (10 876, * 2 217)
扁盘动物门 Placozoa (1, * 0)
刺胞动物门 Cnidaria (16 383, * 6 180)
黏体动物门 Myxozoa (2 425, * 0)
异涡虫门 Xenoturbellida (2, * 0)
无腔动物门 Acoelomorpha (428, * 0)
直游动物门 Orthonectida (29, * 0)
菱形动物门 Rhombozoa (107, * 0)
头索动物门 Cephalochordata (33, * 0)
被囊动物门 Tunicata (2 804, * 0)
脊椎动物门 Craniata (85 432, * 19 974)
棘皮动物门 Echinodermata (20 550, * 13 000)
半索动物门 Hemichordata (126, * 23)
毛颚动物门 Chaetognatha (186, * 16)
线虫门 Nematoda (25 043, * 10)
线形动物门 Nematomorpha (354, * 15)
缓步动物门 Tardigrada (1 335, * 168)
有爪动物门 Onychophora (187, * 4)
节肢动物门 Arthropoda (1 302 809, * 45 769)
曳鳃动物门 Priapulida (20, * 1)
铠甲动物门 Loricifera (30, * 0)
动吻动物门 Kinorhyncha (196, * 0)
苔藓动物门 Bryozoa (11 474, * 5 466)
内肛动物门 Entoprocta (172, * 1)
微轮动物门 Cycliophora (2, * 0)
环节动物门 Annelida (17 426, * 38)
星虫动物门 Spincula (147, * 0)
蜡虫动物门 Echiura (198, * 0)
软体动物门 Mollusca (118 061, * 33 084)
纽形动物门 Nemertea (1 358, * 0)
腕足动物门 Brachiopoda (7 390, * 6 998)
帚虫动物门 Phoronida (16, * 0)
腹毛动物门 Gastrotricha (794, * 0)
扁形动物门 Platyhelminthes (29 488, * 1)
颚咽动物门 Gnathostomulida (97, * 0)
微颚动物门 Micrognathozoa (1, * 0)
轮虫门 Rotifera (2 049, * 0)
棘头动物门 Acanthocephala (1 199, * 2)

● 动物界分类系统及各门物种数（*表示包含的化石种数）

· 海滨动物常见分类类群 ·

栉板动物门：通称栉水母，胶状透明，近球形、袋状或叶片形，辐射对称，发达的中胶层中含有肌纤维和变形细胞，多具特殊的黏细胞和 8 条纵行的栉毛带。

多孔动物门：通称海绵，因体表多孔而得名，多具钙质、硅质或蛋白质海绵丝的骨针或骨架，是动物界身体结构极特殊的一个门类。因成体固着生活又富色彩，长期以来被误认为是植物或由其腔内共栖的动物分泌而成。在人造海绵业发展之前，日常生活中使用的是养殖的天然海绵。

刺胞动物门：因具特殊的刺细胞，故得名。管状或伞形，为一端开口另一端封闭的囊袋样动物。辐射对称或近似辐射对称，口端具许多触手，体壁由 2 层细胞（外胚层和内胚层）组成，体壁所包围的囊袋为腔肠。组织分化简单，以上皮组织为主。海滨动物常见类群包括水母（外形似透明的伞，伞状体边缘具须状触手，主要营浮游生活）、海葵（仅具 1 个对外的开口，外形似葵花，口盘中央为口，周围有触手，少的十几个，多的达千个）、石珊瑚（具碳酸钙骨骼，可形成珊瑚礁）、柳珊瑚（直立植物状，具角质中轴骨骼）和海鳃（肉质群体，由轴状的螅体和辐射排列其上的次级螅体构成）等。

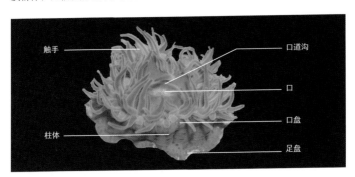

触手　　　　　　　　　　　　　口道沟

　　　　　　　　　　　　　　　口

柱体　　　　　　　　　　　　　口盘

　　　　　　　　　　　　　　　足盘

● 海葵模式图

扁形动物门：蠕虫状，两侧对称、背腹扁平、三胚层、无体腔、不分节、多无肛门、体长大于体宽。它包括自由生活为主的涡虫、寄生的具有消化道的吸虫和无消化道的绦虫。

纽形动物门：通称纽虫，因其细长如带又名缎带蠕虫。蠕虫状，两侧对称不分节、具纤毛、消化道具分离的口和肛门、三胚层无体腔、间质中具有闭管式的循环系统。肠管背方多具能外翻的吻和充满液体的吻腔，受刺激时会吐出。

环节动物门：真分节、裂生真体腔、多具疣足和刚毛的蠕虫状动物，是软底质生境中最成功的潜居者。陆栖的蚯蚓、淡水的蚂蟥、海生的沙蚕，皆为习见的环节动物。

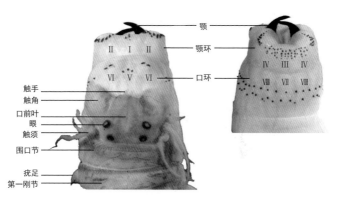

● 沙蚕模式图

星虫动物门：蠕虫状，圆筒状不分节、具体腔，由翻吻和躯干部两部分组成。翻吻较细，可伸入较粗的躯干部中。因其前端的叶瓣或触手呈星芒状，故得名。当翻吻缩入躯干部时，很像一个花生仁，故又称花生虫。古记为沙蒜或土笋（笋）。也有学者通过分子系统发育分析，不支持该门成立，认为其应并入环节动物门。

螠虫动物门：蠕虫状，不分节、有体腔、具细长的吻和粗大的躯干部，吻能伸缩但不能缩入躯干部。因吻腹面的沟槽呈匙状，故又称匙虫。也有学者通过分子系统发育分析，不支持该门成立，认为其应并入环节动物门。

　　软体动物门：常由头、足、内脏团、外套膜、壳（有的类群壳演化为内壳或完全退化）5 部分组成。除壳外，体软，故得名。软体动物繁盛于 5 亿年前的寒武纪，是动物界的第二大门。现生物种通常划分为无板纲 Aplacophora、多板纲 Polyplacophora、单板纲 Monoplacomphora、腹足纲 Gastropoda、掘足纲 Scaphopoda、双壳纲 Bivalvia 和头足纲 Cepholopoda。

　　多板纲：通称石鳖，内圈具 8 片紧邻排列的硬壳，周围有一圈环带。足扁而宽，几乎占整个身体腹面，适于吸附在岩石表面或匍匐爬行。

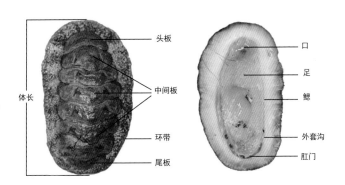

● 多板纲模式图

　　腹足纲：足位于腹部，具一个螺旋形（或盖状）的贝壳（有的类群演化为内壳，或完全退化）。壳口处多有一个角质或石灰质的"口盖"，称为厣。

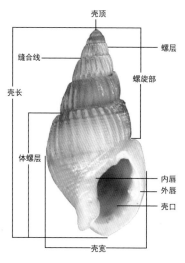

● 腹足纲模式图

掘足纲： 通称角贝，贝壳管状，稍弯曲，形似牛角或象牙，又名象牙贝。

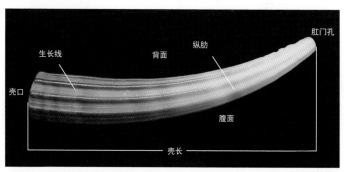

● 掘足纲模式图

双壳纲：身体多左右对称，足侧扁呈斧状。具 2 个抱握内脏的壳，壳后方具连接两壳的韧带，壳内具铰合齿和齿槽。

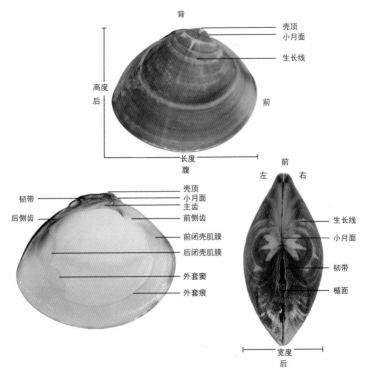

● 双壳纲模式图

头足纲：身体左右对称，分头部、足部和胴部。头部略呈球形，与足部和胴部相连。足部的一部分特化为腕，腕数为10条的有乌贼、枪乌贼，为8条的有章鱼，数十条的有鹦鹉螺。

节肢动物门：身体分节，体外具几丁蛋白质且随生长而周期性蜕皮的外骨骼，因附肢具关节而得名，是动物界的第一大门。它包括已灭绝的三叶虫亚门 Trilobita、现生的螯肢亚门 Cheliceriformes、甲壳动物亚门 Crustacea、多足亚门 Myriapoda 和六足亚门 Hexapoda。

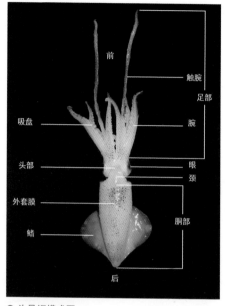

● 头足纲模式图

螯肢亚门：无触角，第1对附肢生于口前，螯状，故得名。现生物种通常划分为肢口纲 Merostomata、蛛形纲 Arachnida 和海蜘蛛纲 Pycnogonida。

肢口纲：通称鲎，又名马蹄蟹，头部具6对附肢，除第1对螯肢外，其余5对为步足且围绕在口的周围，故得名。腹部附肢5～6对，具特化为书叶状的呼吸器官书鳃。

蛛形纲：身体通常分成前体部（头胸部）和后体部（腹部），前体部具6对附肢、1对螯肢、1对须肢（触肢）、4对步足；后体部由12节组成，除蝎类以外，大多数的腹部不再分成明显的两部分。

海蜘蛛纲：身体分区不明显，大致分为头、躯干和腹部，具 1 对螯肢、1 对须肢和 4 对步足（有的种具 5～6 对）。分类地位尚有争议。

甲壳动物亚门：体外多具坚硬的外壳，头部具 2 对触角、1 对大颚和 2 对小颚，共 5 对附肢，附肢一般为双肢型。现生物种通常划分为桨足纲 Remipedia（栖息于大西洋的海底洞穴中，我国不产）、头虾纲 Cephalocarida（我国沿海发现 1 种）、鳃足纲 Branchiopoda、六蜕纲 Hexanauplia、介形纲 Ostracoda 和软甲纲 Malacostraca（Oakley et al., 2013）。

鳃足纲：个体小，头部由 5 节愈合而成，躯干部的附肢除用于运动、摄食外，还用于呼吸。

六蜕纲：幼体发育阶段，具有六期无节幼体，包括鞘甲亚纲 Thecostraca、桡足亚纲 Copepoda 和微虾亚纲 Tantulocarida。

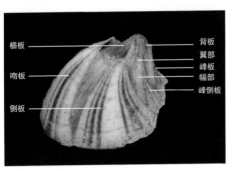

楯板
吻板
侧板

背板
翼部
峰板
幅部
峰侧板

● 藤壶模式图

蔓足类：通称鞘甲亚纲、蔓足下纲 Cirripedia，绝大多数成体营固着生活，少数种营寄生生活。通常包括有柄类（茗荷）和无柄类（藤壶）。由于体外具石灰质板，长期以来被误认为是软体动物。

桡足亚纲：身体明显分为前体部和后体部，前体部较为宽大而具附肢；后体部较细小，仅有 1 对退化的附肢或无附肢，末节为尾节，尾节末端常具 1 对尾叉。习性多样，营自由生活的（浮游或底栖）通称为水蚤，营寄生生活的通称为鱼蚤或鱼虱。

介形纲：体外具钙化的介壳，身体分为头胸部和躯干部，从外表看似软体动物双壳类，介壳表面无生长线，常有各种突起和花纹。躯干部末端具尾叉。

软甲纲：头胸甲常发达，包被头部或部分胸节，每个体节都具 1 对附肢。本纲约占已知甲壳动物的 3/4。

口足目：通称虾蛄，身体扁平，头胸甲小，不能覆盖胸部后 4 个胸节。第 2 对胸肢特别强大，形成捕（掠）肢，尾部与尾肢成为强大的挖掘和移动器。

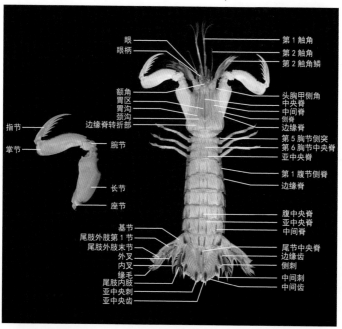

眼
眼柄
额角
胃区
胃沟
颈沟
边缘脊转折部
指节
掌节
腕节
长节
座节
基节
尾肢外肢第 1 节
尾肢外肢末节
外叉
内叉
缘毛
尾肢内肢
亚中央刺
亚中央齿

第 1 触角
第 2 触角
第 2 触角鳞
头胸甲侧角
中央脊
中间脊
侧脊
边缘脊
第 5 胸节侧突
第 6 胸节中央脊
亚中央脊
第 1 腹节侧脊
边缘脊
腹中央脊
亚中央脊
中间脊
尾节中央脊
边缘齿
侧刺
中间刺
中间齿

● 口足目模式图

糠虾目：通称糠虾，胸部具背甲，但不与后 4 个胸节愈合，有额角，第 1—2 对胸足为颚足，其余第 6—7 对为双肢型步足，为海产鱼类的重要饵料。

端足目：身体通常侧扁，无头胸甲。胸肢7对（前两对通常较大），腹肢3对，用于游泳；尾肢3对，用于在硬物上行动。其中钩虾亚目 Gammaridean（通称钩虾）是端足目在海滨的常见类群。

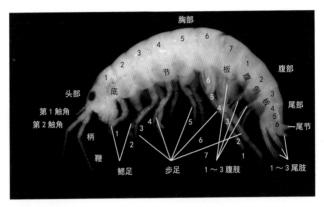

● 钩虾模式图

等足目：通称水虱，多数身体背腹平扁，无头胸甲，头部短小，胸部7对附肢形状常近似。

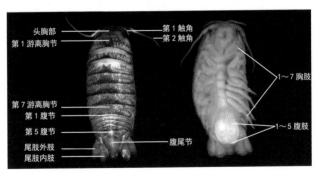

● 等足目模式图

涟虫目：通称涟虫，体前部球状，后部长而纤细，略呈链状，看似一个平放的逗号。

十足目：头部与全部胸节愈合，头胸甲发达，两侧形成鳃室。胸肢前3对特化为颚足，后5对为步足。本目是软甲纲最大的一目，根据腹部的形态，通常可分为长尾类（虾）、异（歪）尾类（蟹形异尾类、铠甲虾、瓷蟹、寄居蟹）和短尾类（蟹）。

虾，长尾十足类的通称，包括不会抱卵的枝鳃亚目Dendrobranchiata（对虾、毛虾、莹虾等）的全部和会抱卵的腹胚亚目Pleocyemata的多个下目。腹部发达，具发达的用于游泳的腹肢。通常分为体侧扁的游泳虾类（如对虾、长臂虾等）和体背腹扁的爬行虾类（如龙虾、蝉虾、蝼蛄虾等）。

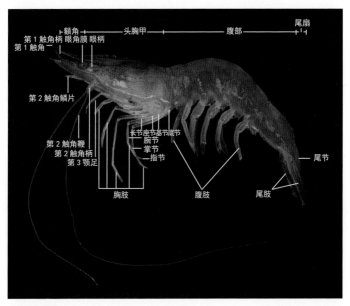

● 虾模式图

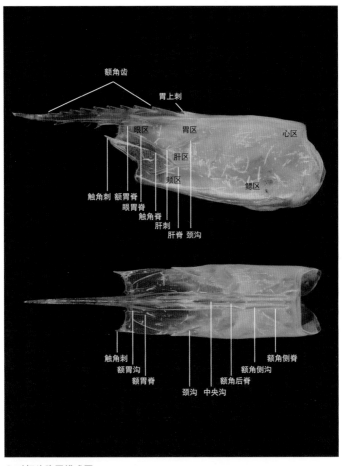

额角齿

胃上刺

眼区　胃区　　心区

肝区

颊区　　　鳃区

触角刺　额胃脊
　　眼胃脊
　　　触角脊
　　　　肝刺
　　　　肝脊　颈沟

触角刺
　额胃沟
　　额胃脊
　　　　　颈沟　中央沟
　　　　　　　额角后脊
　　　　　　　　额角侧沟
　　　　　　　　　额角侧脊

● 对虾头胸甲模式图

异尾类，异尾下目 Anomura 的通称，腹部长而退化，有尾肢，多不形成尾扇。腹部有的左右对称，折于头胸甲之下（蟹形异尾类、铠甲虾、瓷蟹）；有的扭转，而左右不对称（寄居蟹），生活于腹足类的壳中。

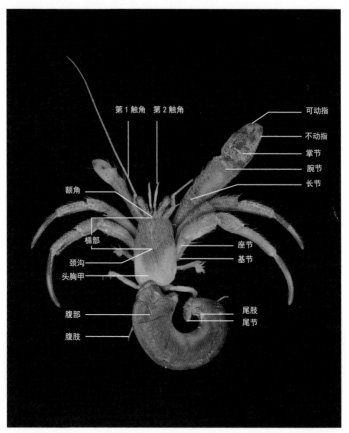

第 1 触角　第 2 触角

可动指
不动指
掌节
腕节
长节

额角

楯部

颈沟

头胸甲

座节
基节

腹部

腹肢

尾肢
尾节

● 寄居蟹模式图

蟹，短尾十足类（短尾下目 Brachyura）的通称，身体短而扁，头胸部背腹扁平，腹部退化，扁平，向前弯曲，贴附于头胸部之下，通常无尾肢。

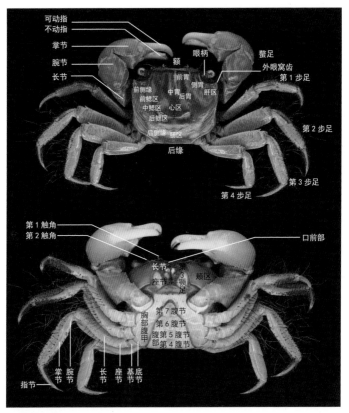

● 蟹模式图

六足亚门：身体分为头、胸、腹 3 部分，多具触角 1 对，附肢（步足）3 对，腹部最多 11 节，不具运动附肢。本亚门和多足亚门附肢都为单肢型。

苔藓动物门：通称苔藓虫，似匍匐生活的苔藓，是动物界中唯一以植物命名的动物门。苔藓虫靠无性出芽构成直立或被覆型的群体，又名群虫。组成群体的个体（个虫）具马蹄形的触手冠，U形消化管，角质、胶质或钙质的外骨骼（虫室）。

腕足动物门：单体具触手冠的具双壳的动物。古生代5亿年前奥陶纪至4亿年前泥盆纪，是地球上最丰富、最多样化的生命形态之一，常被误认为蛤。

毛颚动物门：通称箭虫，体较透明似箭，因体前端具颚毛（刚毛），故得名。体侧具侧鳍，尾具尾鳍，直形消化道，具肛后尾。多为海洋浮游捕食者，在浮游生物拖网生物量中常占优势。

棘皮动物门：既古老又特殊的一门动物。体壁中有中胚层形成的内骨骼且常于皮下向外突出成棘刺，故得名。有独特的水管系统和围血系统。它包括海百合纲 Crinoidea、海星纲 Asteroidea、蛇尾纲 Ophiuroidea、海胆纲 Echinoidea 和海参纲 Holothuroidea。

海百合纲：通称海百合或海羊齿，成体多以柄固着于海底而生活。柄上有鳞茎状的身体和羽状分枝形似蕨叶的触手（腕），外形酷似植物。

海星纲：通称海星，体扁平，多呈星形。身体中央为体盘，从体盘向外伸出5个及以上的腕，体盘和腕之间无明显的界限（区别于蛇尾）。

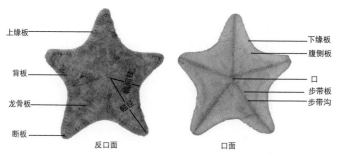

● 海星纲模式图

蛇尾纲：通称蛇尾，体扁平，圆盘形和五角形。与海星形似，但体盘和腕之间具明显的界限，腕细长，或有分枝。

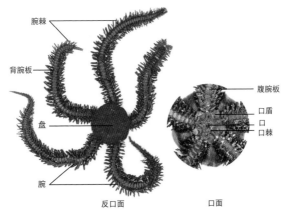

腕棘

背腕板

盘

腕

腹腕板

口盾

口

口棘

反口面　　　口面

● 蛇尾纲模式图

海胆纲：通称海胆，体呈球形、半球形、心形或盘形，多具棘刺。内骨骼互相愈合，形成一个坚固的壳。

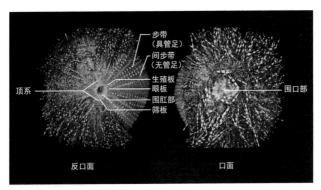

步带
（具管足）

间步带
（无管足）

生殖板

眼板

围肛部

筛板

顶系

围口部

反口面　　　口面

● 海胆纲模式图

海参纲：通称海参，身体延长，呈蠕虫或腊肠形，没有游离腕。口在身体前端，肛门在身体后端，口周围具形状不同的触手。

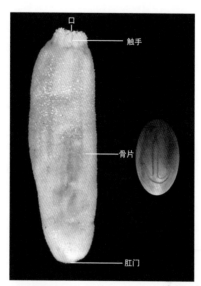

口

触手

骨片

肛门

● 海参纲模式图

半索动物门：由吻、领、躯干 3 个部分组成，具口索和体腔，并常具鳃裂。它包括体呈蠕虫状的肠鳃纲 Enteropneusta（柱头虫，橡头虫）和形似苔藓动物的羽鳃纲 Pterobranchia（头盘虫、壁杆虫）。

脊索动物门：动物界最高等的一类动物，共同特征是在其个体发育全过程或某一时期具有脊索、背神经管和鳃裂。它分为较为低等的头索动物门（脊索终生保留，缺乏真正的头和脑，代表物种：文昌鱼）、被囊动物门（脊索仅在尾部，或终生保存，或仅见于幼体）和脊椎动物门（脊索后被由脊椎连接而成的脊柱所代替）。

被囊动物门：体表常被有一层棕褐色植物性纤维质的囊包，故得名。单体或群体，营自由或固着生活的海生动物，体形常随生态而异。体表具出入水孔（位置较高的为入水孔，位置较低的为出水孔）。其脊索仅在尾部，或终生保存，或仅见于幼体者，又名尾索动物。通常可划分为有尾纲 Appendiculata（通称住囊虫，营自由生活，体表无被囊，终生保持着带有长尾的幼体状态）、海樽纲 Thaliacea（营浮游生活，体樽形，被囊薄而透明，具环状排列的肌肉带）和海鞘纲 Ascidiacea（营固着生活，被囊较厚，受惊扰或刺激时体壁会骤然收缩，射出水流）。

脊椎动物门：动物界中结构最复杂、进化地位最高的类群。出现了明显的头部，中枢神经系统成管状，前端扩大为脑，其后方分化出脊髓。

鱼类：以鳃呼吸，用鳍作为运动器官的水生脊椎动物的统称，物种数占脊椎动物的一半以上。现生物种通常划分为无颌类的盲鳗纲 Myxini 和头甲鱼纲 Cephalaspidomorphi；有颌类的板鳃纲 Elasmobranchii、全头纲 Holocephali、辐鳍鱼纲 Actinopterygii 和肉鳍鱼纲 Sarcopterygii。其中辐鳍鱼纲以具有辐射状排列的鳍条而得名，是鱼类中最具优势的类群。

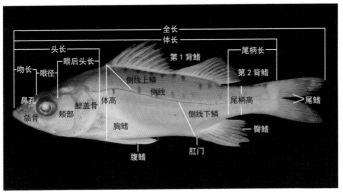

● 鱼类模式图

爬行纲： 体被角质鳞或硬甲，在陆地繁殖的变温羊膜动物，是鸟、兽更高等恒温羊膜动物的演化原祖。本纲在中生代曾盛极一时，现生种分为蜥蜴、龟、蛇和鳄等类群。海洋爬行动物主要包括海鬣蜥、海龟、海蛇和河口区的湾鳄。

鸟纲： 体表被覆羽毛、有翼、恒温及卵生的高等脊椎动物。软底质海滨（尤其是泥或泥沙质）中大量的底栖动物资源为水鸟提供了丰富的饵料，是鹳形目、鹤形目、鸻形目等涉禽和鸥类理想的觅食地和迁徙的中转站；滨海芦苇盐沼还可为苇莺、震旦鸦雀等雀形目鸟类提供筑巢地。

哺乳纲： 通称兽类，多为全身被毛、运动快速、恒温胎生，因能通过乳腺分泌乳汁来给幼体哺乳而得名，是脊椎动物中躯体结构、功能行为最为复杂的最高级类群。现生海洋哺乳动物分为 3 类：鲸目（须鲸和齿鲸）、海牛目（海牛和儒艮）和食肉目（海狮、海象和海豹，北极熊，海獭），这 3 类在进化上没有直接联系。鲸目和海牛目在水中度过终生，其他类群在生活史的特定时期（繁殖、换毛或休息）会来到岸上生活。

海滨动物的生态类群

在水层和海底生活的海滨动物依其生活习性不同，可相对地分为 3 个主要生态类群。

浮游动物： 生活于水层区，游泳能力弱，不足以抗衡水流运动，甚至毫无游泳能力，只能随波逐流的动物，包括水母、水蚤、海萤、糠虾、樱虾等。

游泳动物： 生活于水层区，体大、游泳能力强的动物，包括鱼、鲸、头足类等。

底栖动物： 栖息于海底区的底内或底面，或不能长期在海水层中作较长距离游泳的动物，包括栖息于海底泥沙或岩礁、珊瑚礁中的底内动物（底埋或钻蛀、穴居、管栖），生活于底表上的底上动物（固着、爬行）和生活于海底可稍作游动的底游动物。

● 底埋

● 钻蛀

● 穴居

● 管栖

● 固着

● 爬行

·如何对海滨动物进行观察·

底栖动物：退潮时能观察到的物种数最多的生态类群；不同的基质上往往可观察到不同的底栖动物。

岩石底上多有营固着生活的类群，如贻贝、牡蛎、海绵、藤壶、珊瑚等，这些类群无法在软底质生活；另有表面爬行的类群，如螺类、海星和海胆等。岩石的裂缝或深沟常有滨螺、石鳖和龟足生活，退潮后的积水坑常有海葵生活。

砾石底多在风浪较大的海岸，在海浪的破碎作用下形成，由于风浪而造成石块间的摩擦，压缩了生存空间，往往少有动物生活于此。

软底质上多为底埋和穴居的类群，如双壳类的蛤、蛏等以及口足类穴居的虾、蟹、多毛类等。各种穴居动物的钻洞深度与洞穴结构、洞穴形状也不相同。有些动物的洞穴是临时用于躲避敌害的，也有些是半永久性的。小头虫的洞穴有由泥胶筑起的侧壁，鳞沙蚕会筑造一根由沙粒和贝壳碎片胶合的栖管，美人虾和蝼蛄虾的洞穴非常精妙复杂。软底质上还有可作短距离游泳和爬行生活的类群，如鱼、蛇尾、海星、虾和蟹等，常以底埋和穴居的类群为食。不同的软底质栖息的动物类群也常不相同，有些种可以分布在一两种不同的底质中，如在沙质或含沙较多的沙泥质底中，多有彩虹明樱蛤、齿吻沙蚕、巢沙蚕等；泥质底多有泥螺、泥蟹、海豆芽和蝼蛄虾等。

浮游动物：涨潮后有时会随潮水漂浮至近岸，尤其码头等有一定水深的区域是观察浮游动物较好的场所。

游泳动物：退潮后有时会留在岩礁之间的积水坑中。

另外，潮下带的动物可通过潜水观察，也可到渔民的渔获和鱼市场中进行观察。

种类识别
Species Accounts

栉板动物门 CTENOPHORA　　有触手纲 TENTACULATA

球栉水母目 CYDIPPID　　侧腕水母科 Pleurobrachidae

①　球型侧腕水母 *Pleurobrachia globosa*

体长至 5 mm。玻璃球状，有 8 条显著的栉毛带。触手 2 条，通常伸出体外，当环境不利时则缩入触手鞘内。触手充分伸展时，其长度可达体高的 20 余倍。发光能力强。营浮游生活，能大量快速摄食虾类及贝类幼体，是水产养殖的敌害。

分布于东海和南海。

多孔动物门 PORIFERA　　寻常海绵纲 DEMOSPONGIAE

韧海绵目 HADROMERIDA　　皮海绵科 Suberitidae

②　寄居皮海绵 *Suberites latus*

块状，近似椭球形，表面有皱褶状突起，下表面较平坦。出水口不均匀地分布在表面。幼体附着于寄居蟹壳上，幼海绵向四周扩展延伸，最后将整个寄居蟹封包，并逐渐增厚，形成不规则的块状体，随着寄居蟹的生长，海绵体内留下螺旋形的喇叭孔。

分布于渤海、黄海和东海。

简骨海绵目 HAPLOSCLERIDA　　似雪海绵科 Niphatidae

③　两栖海绵 *Amphimedon* sp.

形状不规则，多呈低矮的火山口状，颜色多样。固着于潮间带岩礁或牡蛎死壳上。

分布于南海。

刺胞动物门 CNIDARIA　　水母纲 SCYPHOZOA

根口水母目 RHIZOSTOMEAE　　根口水母科 Rhizostomatidae

❶ 海蜇 *Rhopilema esculentum*

伞部半球形，直径至 100 cm。外表面光滑，颜色多变，不同水域颜色常不同，具红褐色、红色、白色、淡蓝色和黄色。伞部中部中胶层厚，向边缘逐渐变薄变透明，内侧具发散的环状肌。无缘触手。口腕基部愈合，腕上具大量棒状附属器，其上分布大量刺胞。具有较高的食用价值，伞部称蜇皮，口腕部称蜇头。

分布于渤海、黄海、东海和南海北部。

口冠水母科 Stomolophide

❷ 沙海蜇 *Stomolophus meleagris*

伞部半球形，直径至 170 cm。外表面密布形状不规则的小颗粒状突起。伞部中部胶层厚，向边缘逐渐变薄变透明，内侧具发散的环状肌。无缘触手。口腕基部愈合，腕上具大量丝状附属器，其上分布大量刺胞。

分布于渤海、黄海和东海。

旗口水母目 SEMAEOSTOMEAE　　霞水母科 Cyaneidae

❸ 白色霞水母 *Cyanea nozakii*

伞部扁平，圆盘状，中央略隆起，直径至 100 cm。外表面光滑，近中央的伞顶上有许多密集的刺胞丛突起，内侧具发散的环状肌。口腕发达，长度超过伞部半径，基部愈合，四翼型。具多而长的触手，长度可达 2 m，密布刺细胞。

我国沿海广分布。

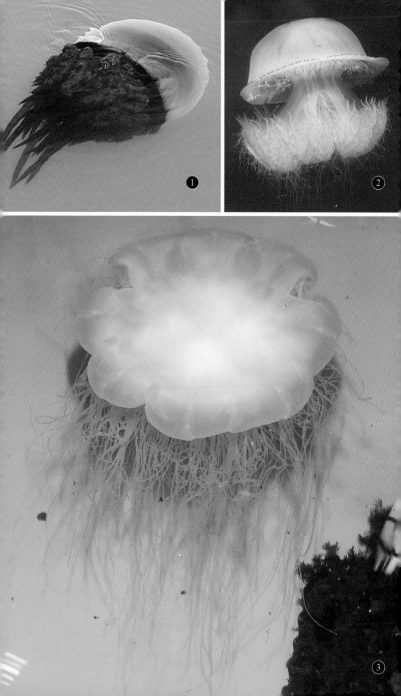

洋须水母科 Ulmaridae

① 海月水母 *Aurelia aurita*

伞部圆盘状，直径至 30 cm。外表面光滑，内侧具发散的环状肌。口腕长度约为伞径的 1/2，内侧具纵沟。雌性具 4 个马蹄形的生殖腺。常见于水体富营养化水平较高的海湾，是我国近海暴发水母灾害的物种之一。

分布于渤海、黄海和东海。

珊瑚纲 ANTHOZOA

海葵目 ACTINIARIA　海葵科 Actiniidae

② 等指海葵 *Actinia equina*

体圆柱形，足盘直径、柱体高和口盘直径大致相等，通常为 20 ~ 40 mm。柱体光滑，部分大个体领窝内具边缘球。触手中等大小，100 个左右，按 6 的倍数排成数轮，内、外触手大小近等。栖息于硬底质潮间带，附着于礁石上。

我国沿海广分布。

③ 亚洲侧花海葵 *Anthopleura asiatica*

体形态多变，伸展时多为圆柱状，收缩时呈小丘状。足盘直径、柱体直径和口盘直径近等，均约为 20 mm。柱体浅棕色，具边缘球和疣突，吸附少量沙粒等外来物。疣突红色，斑点状，约 24 列，每列数个到十余个不等。口盘透明，可见隔膜插入痕。触手灰棕色，约 60 个，按 6 的倍数排列。栖息于硬底质潮间带，附着于礁石上。

我国沿海广分布。

④ 绿侧花海葵 *Anthopleura fuscoviridis*

体圆柱形，高至 80 mm，柱体直径至 60 mm。柱体布满鲜绿色疣突，疣突 96 列，在柱体上部密集排列，在柱体下部则相对稀疏。边缘球白色。口盘绿色，边缘有的为红色。触手 96 个，按 6 的倍数规则排列，灰色或淡绿色。2 个口道沟。栖息于硬底质潮间带，附着于礁石上。

分布于渤海、黄海和东海。

① 朴素侧花海葵 *Anthopleura inornata*

体伸展时圆柱状。柱体高，柱体直径和口盘直径均约 40 mm。足盘、柱体、口盘和触手多为灰色。疣突布满整个柱体，颜色与柱体相同，约 96 列，其中对应于内腔的 48 列明显，且每列数目较多。边缘球棕黄色，约 48 个。触手长，口盘面无斑点，按 6 的倍数排列，约 96 个。栖息于硬底质潮间带，附着于礁石上。

我国沿海广分布。

② 中华管海葵 *Aulactinia sinensis*

体延长，近圆柱形。下部棕色，上部颜色略深。伸展时柱体高至 190 mm，柱体直径至 30 mm，口盘直径至 50 mm，足盘直径至 40 mm。边缘到柱体中部具 48 列黏附性疣突，每列的最上端那个显著。口盘通常为棕色，有的为浅绿色。口圆形，位于口盘中央，棕色，粉红色至白色。触手达 96 个，排成 5 轮，内触手略长于外触手。栖息于泥质底潮间带，常附着于牡蛎死壳上。

分布于黄海。

固边海葵科 Aiptasiidae

③ 美丽固边海葵 *Aiptasia pulchella*

个体通常较小，体高。柱体直径至 2 mm，灰色、浅棕色。足盘宽大，收缩个体圆锥状。柱体具纵向排列的疣突，上部明显。触手锥状，半透明，内侧常具白色斑纹，达 70 余个。隔膜数等于触手数，6 对完全隔膜，2 对指向隔膜。栖息于泥沙质底潮间带，常附着于红树植物地下根状茎上。

分布于南海。

全丛海葵科 Diadumenidae

④ 纵条全丛海葵 *Diadumene lineata*

别名：纵条矶海葵

个体较小，伸展时柱体高至 60 mm，柱体直径至 30 mm。身体具有橘黄色纵线，受到干扰后从柱体壁孔和口中射出枪丝。栖息于硬底质潮间带，附着于礁石上。

我国沿海广分布。

链索海葵科 Hormathiidae

❶ 日本美丽海葵 *Calliactis japonica*

体伸展时圆柱形，布满红褐色斑点。活体高达60 mm，口盘触手冠直径约60 mm，基部直径约30 mm，基部发达。触手纤细，有的个体为纯黄色，有的为透明色，或具暗红色斑点，达192个。内触手长于外触手，内触手长约25 mm，外触手较小。栖息于泥质底潮间带至浅海，通常附着于褐管蛾螺等螺类的壳上，有时附着于寄居蟹栖居的螺壳上。

分布于黄海及东海。

细指海葵科 Metridiidae

❷ 须毛高龄细指海葵 *Metridium sensile fimbriatum*

体圆柱形。普通个体柱体高和口盘直径相近，为40～50 mm。足盘发达，通常大于柱体和口盘直径，最大超过100 mm。白色、橘黄色或红褐色。头部具领窝，但不同标本形态变化很大，柱体光滑。口盘分叶，大个体明显，部分小个体不分叶。触手颜色同柱体一致或带灰白色。栖息于软泥质底潮间带至浅海，常附着于石块或贝壳上。

分布于渤海及黄海。

群体海葵目 ZOANTHIDEA　群体海葵科 Zoanthidae

❸ 花群海葵 *Zoanthus* sp.

群生，由许多小海葵体通过共肉聚集在一起，共肉和海葵虫体外无沙质鞘。触手不分枝。见于退潮后的积水坑中，固着于岩石上。

分布于南海。

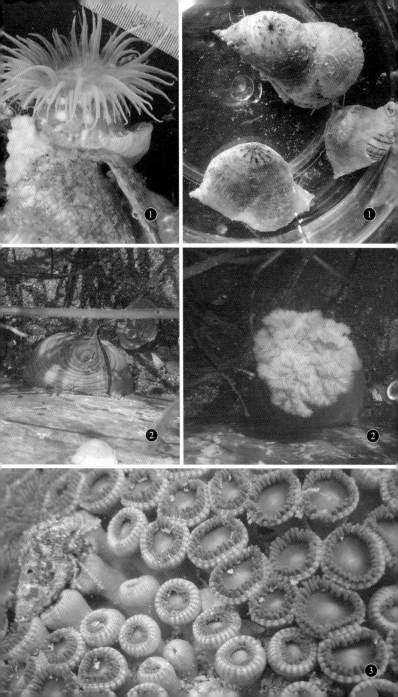

石珊瑚目 SCLERACTINIA　鹿角珊瑚科 Acroporidae

❶ 浪花鹿角珊瑚 *Acropora cytherea*

黄绿色、咖啡色、淡黄色夹紫色，分枝顶端为玫瑰色。骨骼为平板状分枝群体，分枝从主枝上产出，呈水平生长，分枝间相互吻合，大小分枝向上生长。轴珊瑚体直径 1.5～2 mm，圆柱形，突出 2～3 mm，珊瑚体壁沟槽状。辐射珊瑚体向斜上方突出，长短不一，为圆柱形，鼻形及浸埋不突出，而且浸埋珊瑚体特别多且显著，珊瑚体壁网刺状到网状。

分布于海南岛和广东沿海。

❷ 毗邻沙珊瑚 *Psammocora contigua*

群体扁平丛状，基部分枝宽而扭曲，或叶状扭曲分枝，或瘤状小分枝。隔片—珊瑚肋呈花瓣式排列，两侧和边缘有小刺。珊瑚体细而浅，平滑均匀分布。轴柱由多刺柱状小梁或矮突起组成，甚至有的珊瑚杯里没有轴柱。

分布于南海。

菌珊瑚科 Agariciidae

❸ 十字牡丹珊瑚 *Pavona decussate*

群体由坚硬、强壮的叶片状珊瑚骼组成，叶片状骨骼不弯曲，龙骨突少而小，或无。珊瑚杯清楚，在珊瑚骼两面都有分布，而排列无规则。隔片—珊瑚肋稀，高而弯曲的与低而直的相间排列，直而矮的隔片—珊瑚肋两侧无颗粒，几乎光滑。轴柱是扁平小突起，或无。

分布于南海。

蜂巢珊瑚科 Faviidae

① **标准蜂巢珊瑚** *Favia speciose*

珊瑚骼融合块状。珊瑚杯不规则多边形，或略圆形，漏斗状，壁厚，隔片密。大杯中有 60 个隔片，与轴柱相连，杯深 9 mm 左右，杯直径 10 ~ 14 mm，多边形的长径 10 ~ 18 mm，短径 8 ~ 14 mm。珊瑚杯壁薄，杯间的漕清晰。隔片与珊瑚肋边缘有细刻齿，规则。隔片在杯底加厚，不形成围栅瓣。轴柱小海绵状。

分布于南海。

② **皱齿星珊瑚** *Oulastrea crispate*

群体包壳状，大小仅数厘米宽。珊瑚单体大小一致，紧密排布，长、短隔片交替排列。围栅瓣发育良好。触手白天有时伸展。珊瑚虫为浅绿色，上部隔片为白色。固着于硬质底潮间带至潮下带。本珊瑚为分布于中国最北端的造礁石珊瑚。

分布于东海和南海。

③ **精巧扁脑珊瑚** *Platygyra daedalea*

珊瑚骼凸形或亚球形，或枝柱块形，长谷多，短谷较少，长谷达 80 mm，短谷只有 5 mm。在同一群体的基部有稍弯曲且互相平行的长谷，而群体顶端则杂乱无一定的次序。谷宽 4 ~ 8 mm，一般以 5 ~ 6 mm 居多，深 2.5 ~ 7 mm，通常群体顶部谷深，逐向边缘渐渐变浅。隔片上部狭，下部宽，隔片边缘有 2 ~ 7 枚齿，两侧有刺和颗粒。轴柱由薄片小梁构成，连续与谷等长。

分布于南海。

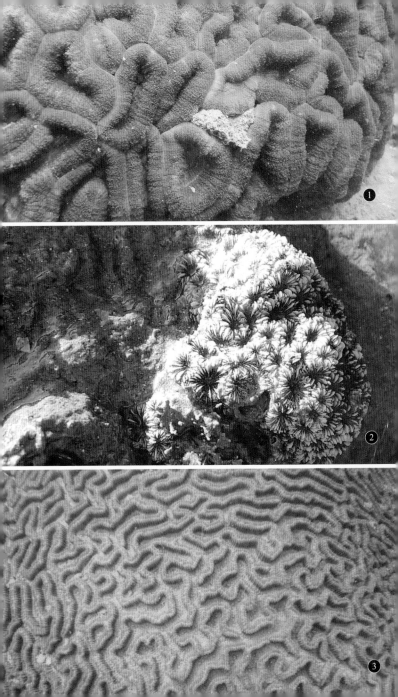

根珊瑚科 Rhizangiidae

1 米氏齿珊瑚 *Oulangia stokesiana miltoni*

珊瑚单体橙色，柱状，宽大于高。自基部共骨处出芽生殖，因此有时可见珊瑚虫间连接。肋宽，扁平或稍微凸起，宽度相等。末轮极少存在，且从来不全，因此常见隔片数为 48 个。珊瑚窝很浅。轴柱乳突状。固着于硬质底潮间带至浅海。

分布于黄海。

软珊瑚目 ALCYONACEA 柳珊瑚科 Gorgoniidae

2 桂山希氏柳珊瑚 *Hicksonella guishanensis*

群体生活时为白色。群体由疏松的细长分枝组成。基部着生于贝壳、岩石上。珊瑚虫具 8 个小触手。骨片白色，形态多样，多卵形多棘状，短而小，瘤状和少疣纹盘状。常见固着于硬质底潮间带受海浪冲击处。

分布于黄海、东海和南海。

海鳃目 PENNATULACEA 棒海鳃科 Veretillidae

3 强壮仙人掌海鳃 *Cavernularia obesa*

别名：海仙人掌

群体呈棍棒状，分为两部分：上部为轴部，周围长有许多水螅体；下部为柄部，无水螅体，收缩性大。直接以柄插入泥沙质海底，轴露出在底质上。满潮时，膨大直立，可达 300 ~ 500 mm，如仙人掌。退潮时仅顶端漏出沙面。栖息于沙质底潮间带。在生活状态时为黄色或橙色；遇刺激时发荧光，是海洋中著名的发光动物。

我国沿海广分布。

沙箸海鳃科 Virgulariidae

① 沙箸海鳃 *Virgularia* sp.

别名：海笔

体细长，分为柄部和轴部。柄部无水螅体，埋栖于泥沙中。水螅体通常着生于轴部两侧的叶状体上。管状体生在叶状体的基部或它们之间。群体外表多为淡黄色或白色，内部有 1 条白色的石灰质骨轴。无骨针或仅在柄部有卵圆形小骨片。栖息于沙或泥沙质底的低潮线附近。

我国沿海广分布。

扁形动物门 PLATYHELMINTHES 杆腺涡虫纲 RHABDITOPHORA

多肠目 POLYCLADIDA 平角涡虫科 Planoceridae

② 平角涡虫 *Planocera reticulata*

体扁平，卵圆形，前端宽圆，后端稍窄，长至 50 mm，宽至 30 mm。体背近前端处，有 1 对细圆锥形的触角，其基部有呈环形排列的触手眼点，触手间稍前有脑眼点两丛。口位于腹面中央，具 4 对或 5 对深的侧褶。体背表面灰褐色，有深色的色素颗粒，常结成网状，腹面颜色较浅。栖息于潮间带岩石块下或牡蛎、藤壶死壳间。

分布于北方沿海。

纽形动物门 NEMERTEA 无针纲 ANOPLA

异纽目 HETERONEMERTEA 纵沟科 Lineidae

③ 脑纽虫 *Cerebratulus* sp.

背腹扁平，呈扁带状，一般长 35 mm。头部扁平，前端平切。头部后面无明显的颈部，体红色。栖息于软泥质底潮间。

分布于东海。

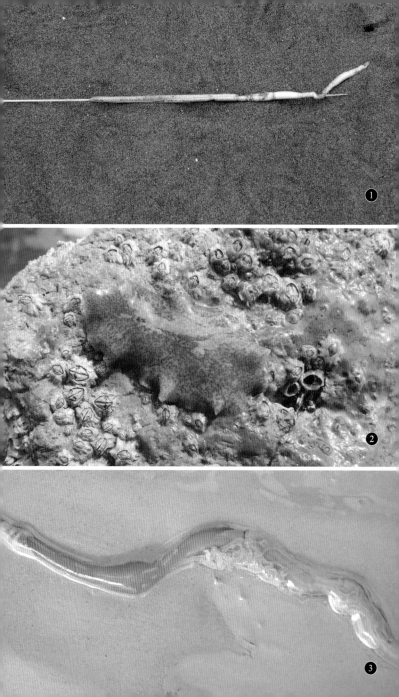

❶ 青纵沟纽虫 *Lineus fuscoviridis*

背腹扁平，呈纽带状，一般长 50 mm。头部扁平，前端平切。头部后面有很明显的颈部，比头部稍细小。位于颈部的前缘有一道横白线，此线的中间部分向前稍凹，两隅钝圆，成弧状。头部侧沟较深。头端背面有许多眼点。体一般呈淡绿色，以致带有紫光的暗绿色，体表光滑，无斑纹，体腹面色泽较淡。栖息于潮间带岩石块下或牡蛎、藤壶死壳间。

分布于北方沿海。

环节动物门 ANNELIDA　多毛纲 POLYCHAETA

缨鳃虫目 SABELLIDA　龙介虫科 Serpulidae

❷ 克氏旋鳃虫 *Spirobranchus kraussii*

体长至 24 mm。壳盖钙质，扁圆状，稍凹，无棘刺，壳盖柄背腹宽扁，端翼前缘无缺刻。栖管石灰质，具 2 个纵脊和许多细横纹，群聚成珊瑚状的块。栖息于硬质底潮间带至潮下带，栖管固着于岩石或贝壳上，是污损生物群落的主要成员。

分布于东海和南海。

叶须虫目 PHYLLODOCIDA　鳞沙蚕科 Aphroditidae

❸ 澳洲鳞沙蚕 *Aphrodita australis*

体长至 75 mm，宽至 40 mm，35 ~ 40 个体节。口前叶圆，具 1 根短的中触手，触角 2 个。背鳞 15 对，平滑，为毡状毛所覆盖。背足刺状刚毛古铜色，长且明显弯曲，数量多形成一致密的束，似草屋顶或芦苇顶，几乎覆盖体背面。爬行于泥沙质底潮间带至浅海。

分布于渤海、黄海和东海。

吻沙蚕科 Glyceridae

① **长吻沙蚕** *Glycera chirori*

　　体大而粗，长 350 mm 以上，体节数目为 200 个左右，每一体节具 2 个环轮。口前叶短，呈圆锥形，具 10 环轮，末端有 4 个短而小的触手。吻部短而粗，前端具 4 个大颚，吻上具稀疏的叶状和圆锥状乳突。栖息于泥沙或沙泥质底潮间带至浅海。

　　我国沿海广分布。

角吻沙蚕科 Goniadidae

② **日本角吻沙蚕** *Goniada japonica*

　　体长至 178 mm，体宽至 3 mm（含疣足），约 200 个刚节。口前叶圆锥形，具 9 个环轮和 4 个小触手（腹触手稍短于背触手）。吻基部两侧具 13 ~ 22 个 V 形齿片，吻前端具 16 ~ 18 个软乳突、2 个大颚（有 2 个大齿和 2 个小齿）、16 个背小颚和 11 个腹小颚（皆两齿形）。吻器心形。栖息于泥沙或沙泥质底潮间带至浅海。

　　分布于渤海、黄海和东海。

多鳞虫科 Polynoidae

③ **短毛海鳞虫** *Halosydna brevisetosa*

　　体长至 40 mm，宽至 12 mm，体长椭圆形，两端钝。口前叶稍长，2 对眼，前对大于后对，呈倒梯形排列。3 对触手，1 对粗大触角，侧触手位于口前叶前侧缘。触须 2 对与触手相似但稍长。鳞片 18 对，第 1 对为圆叶形，具细小的缘穗，其余为椭圆形，具几个或多个几丁质突起，鳞片具色斑。爬行于底潮间带至浅海的附着或固着生物群落中。

　　分布于黄海。

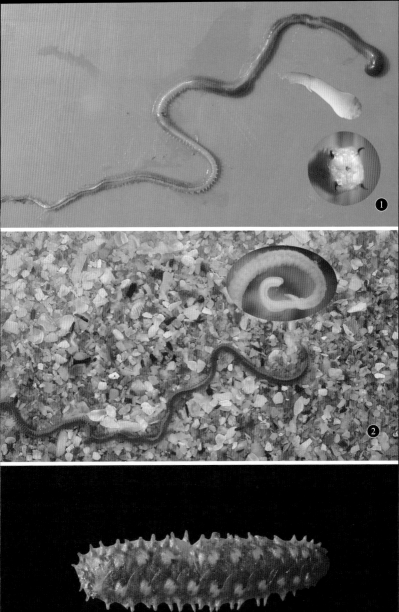

沙蚕科 Nereididae

① 日本刺沙蚕 *Neanthes japonica*

体长至 190 mm，体宽至（含疣足）10 mm。2 对眼呈倒梯形位于口前叶的中后部。围口节触须 4 对。吻仅具圆锥形颚齿，Ⅵ、Ⅷ区 1 排颚齿（多余 10 个）。吻端 2 个大颚，各具侧齿 7 ~ 9 个。栖息于泥质底潮间带，为天然饵料或钓饵。

分布于渤海、渤海和东海。

② 双齿围沙蚕 *Perinereis aibuhitensis*

体长至 270 mm，体宽至（含疣足）10 mm。2 对眼呈倒梯形位于口前叶的中后部。围口节触须 4 对。吻各区均具颚齿，Ⅵ区具 2 ~ 4 个扁棒状颚齿，无圆锥形颚齿。吻端 2 个大颚，各具侧齿 6 ~ 7 个。栖息于泥质底潮间带，为天然饵料或钓饵。

我国沿海广分布。

③ 疣吻沙蚕 *Tylorrhynchus heterochaetus*

体长至 100 mm，体宽至（含疣足）4 mm。2 对圆形眼呈倒梯形位于口前叶的后中部。围口节触须 4 对。吻表面口环和颚环无颚齿具乳头状或圆乳状的软乳突，吻端 2 个大颚，各具侧齿 7 ~ 9 个。栖息于泥质底潮间带。栖息于河口稻田时，常啮食稻根，给稻田带来损失。

分布于东海及南海河口区。

齿吻沙蚕科 Nephtyidae

④ 光洁齿吻沙蚕 *Hephtys glabra*

体长至 150 mm，体宽至 5 ~ 8 mm（含疣足）。口前叶前缘平直、后端稍窄，为宽大于长的卵圆形。无眼。翻吻末端具 22 个分叉的端乳突，亚末端具 22 排亚端乳突，每排突 1 ~ 3 个，具 1 个长的中背乳突。吻内 1 对大颚。在端乳突和大颚之间有 2 排圆锯齿。疣足内须外弯。栖息于泥或泥沙质底潮间带和潮下带。

分布于黄海和东海。

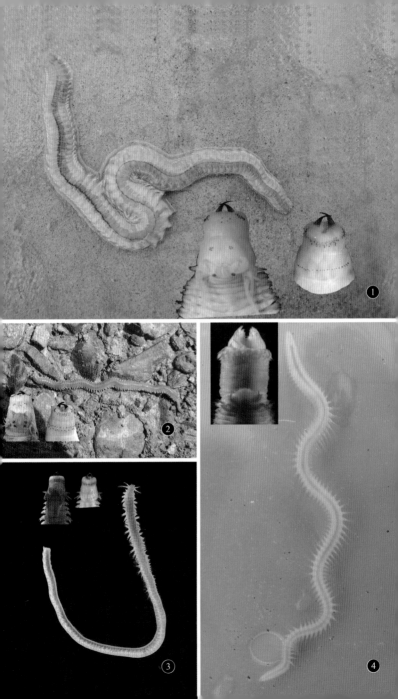

矶沙蚕目 EUNICIDA　欧努菲虫科 Onuphidae

❶ 日本巢沙蚕 *Diopatra sugokai*

体长至 250 mm，宽至 10 mm。体前端圆柱状，中后部扁平。口前叶具 2 个短的圆锥形前触手和 5 根长的、基部具环轮的后头触手。1 对短的触须位于围口节后侧缘。牛皮纸样的栖管直埋于泥沙中，外露部分具碎贝壳和碎海藻片，管下端具粗沙。栖息于泥沙质底潮间带和潮下带。

分布于黄海、东海和南海。

索沙蚕科 Lumbrineridae

❷ 异足科索沙蚕 *Kuwaita heteropoda*

体长至 295 mm，体宽至 7 mm（含疣足）。口前叶圆锥形。下颚黑褐色，前端宽直，后端细长。上颚黑褐色，由多个齿片组成。栖息于沙质底潮间带和潮下带。

我国沿海广分布。

囊吻目 SCOLECIDA　小头虫科 Capitellidae

❸ 小头虫 *Capitella* sp.

体圆柱形（似蚯蚓），疣足不发达，体长至 40 mm。口前叶圆锥形。胸部和腹部分区明显。胸部由 9 个刚毛节组成，较膨胀，第 1 节有刚毛。雄性个体第 8，9 节背面各具 2 束粗大的生殖刚毛，相对而生。栖息于泥或泥沙质底潮间带和潮下带。耐污力强，是有机污染物的指示生物。

我国沿海广分布。

❹ 背蚓虫 *Notomastus latericeus*

虫体圆柱形似红色的细蚯蚓，疣足不发达，体长至 30 mm。胸部和腹部分区明显。口前叶锥形。胸部第 1 体节（围口节）无刚毛，胸部（第 2—12 体节）背、腹足叶均具毛状刚毛。腹部仅具毛状刚毛。生活时常有泥质栖管。栖息于泥或泥沙质底潮间带和潮下带。

分布于东海、黄海和南海。

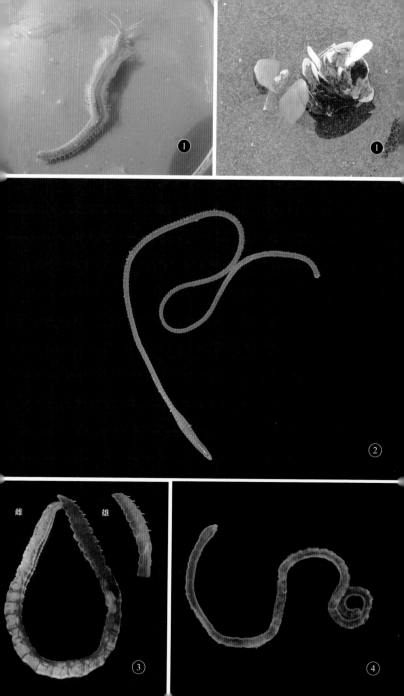

海蛹科 Opheliidae

① 多眼虫 *Polyophthalmus pictus*

体长至 23 mm，体宽至 1 mm。具 28 ～ 29 个体节。体短梭形不透明，背面具绿色线或棕色色斑。体节侧面具 12 ～ 14 对眼点（固定标本往往不清楚）。疣足退化，无鳃，具 2 束细刚毛。体后部具短的漏斗状的肛部，边缘末端具乳突状肛须。栖息于潮间带岩石生境的海藻丛中。

分布于黄海。

蛰龙介目 TEREBELLIDA　不倒翁虫科 Sternaspidae

② 中华不倒翁虫 *Sternaspis chinensis*

体卵圆哑铃形，长至 30 mm。前 7 节能缩入体内。体表覆有细乳突。口前叶小，乳突状。前 3 节各侧具 1 排足刺刚毛。体后腹面具橘红色或砖红色楯板；腹板具同心排列的环状条带和明显的放射状肋，后侧角明显；腹板两侧各具 10 簇刚毛，后缘具 5 簇。鳃丝数目多，卷曲状，从体末端生出。栖息于泥或泥沙质底潮下带。

分布于黄海和东海。

星虫动物门 SIPUNCULA　革囊星虫纲 PHASCOLOSOMATIDEA

盾管星虫目 ASPIDOSIPHONIFORMES　盾管星虫科 Aspidosiphonidae

③ 刷状襟管星虫 *Cloeosiphon aspergillus*

体长至 75 mm，宽至 4 mm。生活时体呈乳白色微带浅红色，酒精保存后微带绿色。伸展后体壁较薄，半透明。体表面分布有圆形或椭圆形乳突，体前后两端的乳突较大且密集。盾部呈半球形，由外包石灰质的多角形的小体组成，每小体显白色，外表面的中央孔无石灰质，呈棕色。吻部细长，由盾部的中央伸出。穴居于珊瑚礁石中。

分布于南海。

革囊星虫目 PHASCOLOSOMATIFORMES　革囊星虫科 Phascolosomatidae

1 弓形革囊星虫 *Phascolosoma arcuatum*

　　别名：可口格囊星虫，土笋，泥蒜

　　体长至120 mm。吻部细长，管状，为体长的1.5～2倍。吻部远端有钩环50～70环，其后有不完整钩环约100环。钩环间有圆形乳突，直径0.03 mm，其角质板排列紧密，呈现数环。触手指状，通常有10个，围绕项器马蹄形排列在口的背侧，每个触手的外侧面为白色，内面有褐色斑点。体表面生有许多皮肤乳突，圆锥形，棕褐色，由多角形的角质小板组成。穴居于泥沙质底潮间带，尤喜栖息于高潮区盐沼植物群落下。食用价值高，是制作土笋冻的原料。

　　分布于东海和南海。

方格星虫纲 SIPUNCULIDEA

方格星虫目 SIPUNCULIFORMES　管体星虫科 Sipunculidae

2 裸体方格星虫 *Sipunculus nudus*

　　别名：沙虫

　　体长至200 mm。体壁厚或较厚，不透明或半透明（个体小的标本）。体色浅黄色或橘黄色。吻长15～35 mm，覆盖有大型三角形乳突，顶尖向后，呈鳞状排列。纵肌束27～32束，体表面由于纵横肌束的交叉排列，形成了许多整齐的方形小块。穴居于沙质及泥沙质底潮间带至浅水。食用价值高。

　　分布于黄海、东海和南海。

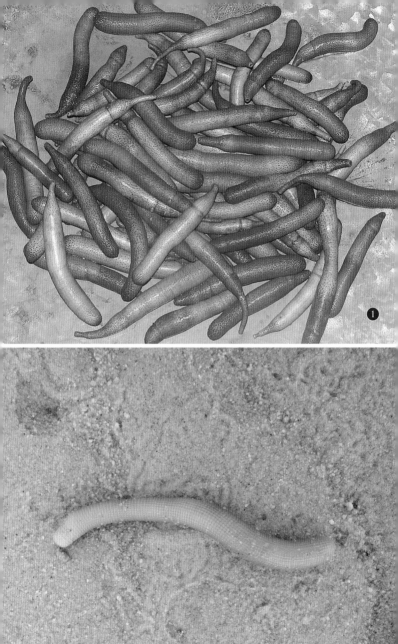

蟪虫动物门 ECHIURA　蟪纲 ECHIURIDA

蟪目 ECHIUROINEA　蟪科 Echiuridae

① 绛体管口蟪 *Ochetostoma erythrogra mmon*

体长至 190 mm。身体柔软，圆筒状，两端略尖。生活时体紫红色，身体中部体壁较薄，半透明，内部器官隐约可见，两端体壁增厚，不透明。体表遍布皮肤乳突，体中部者小而分散，两端者粗大而稠密。体壁外可见 14 ~ 18 条灰白色纵肌束。吻乳白色或乳黄色，末端截状，整体略向腹面凹陷，边缘有收缩而产生的皱褶。穴居于珊瑚礁石下、缝隙间及泥沙中。

分布于南海。

棘蟪科 Urechidae

② 单环棘蟪 *Urechis unicinctus*

别名：海肠子

体长至 250 mm，长圆筒状。体前部略细，后端钝圆。体表遍布等大的皮肤乳突，在腹刚毛附近的乳突呈环状排列，约 10 环。生活时身体呈紫红色。吻短，呈匙状。腹刚毛 1 对，黄褐色，位于口部略后方的腹中线两侧，弯向后方。刚毛周围有 9 ~ 13 根尾刚毛，呈单环列，弯向环外。穴居于沙质底低潮区，管道呈 U 形。食用价值高。

分布于辽宁和山东沿海。

软体动物门 MOLLUSCA　多板纲 POLYPLACOPHORA

新有甲目 NEOLORICATA　锉石鳖科 Ischnochitonidae

③ 函馆锉石鳖 *Ischnochiton hakodadensis*

体长至 30 mm，宽至 18 mm，长卵圆形。体表土黄色或暗绿色，杂有灰褐色花纹和斑点。头板上有细的放射肋，中间板和尾板中部有网状刻纹，翼部有细放射肋。环带窄，密布小鳞片和灰褐色斑。附着于潮间带中、低潮区岩礁或石块上。

分布于渤海、黄海和东海。

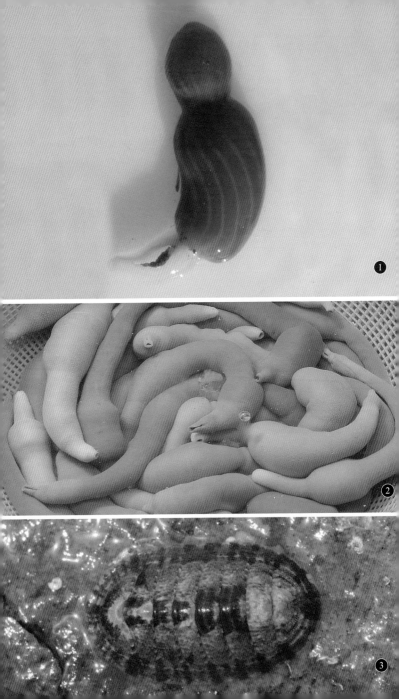

① 花斑锉石鳖 *Ischnochiton comptus*

体长至 35 mm，宽至 21 mm，长卵圆形。体表颜色多变。头板上有细的放射肋，中间板中央有排列整齐的粒状突起，翼部有细放射肋。环带窄，密布小鳞片和黑色斑。附着于潮间带中、低潮区岩礁或石块上。

分布于黄海、东海和南海。

② 日本鳞带石鳖 *Lepidozona nipponica*

体长至 34 mm，宽至 20 mm，长卵圆形。黄褐色或紫红色，色泽浓淡有变化。头板上有较多的细放射肋，中间板中央突起，翼部有细放射肋。环带窄，密布小鳞片和黄褐色斑。附着于潮间带中、低潮区至浅海的岩礁或石块上，也可生存于较深的海区。

分布于黄海。

③ 朝鲜鳞带石鳖 *Lepidozona coreanica*

体长至 25 mm，宽至 16 mm，长卵圆形。体表黄褐色、绿色或灰黑色。背部 8 块壳片呈覆状排列。头板较大，上面有放射肋，肋上有小颗粒；中间板肋部有细纵肋，翼部有颗粒状放射肋；尾板小，中央区有细纵肋，后区有放射肋。环带较窄，密布小鳞片。附着于潮间带中、低潮区的岩礁或石块上。

我国沿海广分布。

石鳖科 Chitonidae

④ 日本花棘石鳖 *Acanthopleura japonica*

体长至 35 mm，宽至 17 mm，长卵圆形。体表灰黑色。头板略呈半圆形，表面具密集的同心环列的小颗粒状突起；中间板具同心环纹，肋部光滑，翼部具小颗粒状突起；尾板小，具小颗粒突起，中央区特别大。环带肥厚且宽，着生黑白相间排列的粗而短的石灰棘。附着于潮间带中、低潮区的岩礁或石块上。

分布于东海。

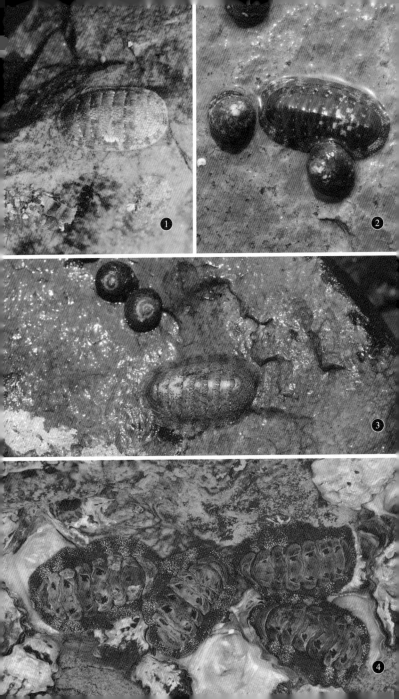

① **平濑锦石鳖** *Onithochiton hirasei*

体长至 35 mm，宽至 17 mm，长卵圆形。壳片具黄色、棕色和褐色等鲜艳的花纹，第 2 壳片最长。头板具放射状排列的壳眼；中间板多为棕色，有横纹，具 3 ~ 4 行壳眼；尾板后缘有 2 ~ 3 行壳眼。环带浅黄色并夹有棕色花斑，边缘橘红色，表面具细毛。附着于潮间带低潮区的岩礁或石块上。

分布于东海和南海。

毛肤石鳖科 Acanthochitonidae

② **异毛肤石鳖** *Acanthochitona dissimilis*

体长至 24 mm，宽至 14 mm，长卵圆形。背部中央有 8 块黄白色的壳板，其上常杂有灰黑色斑点及条纹，颗粒状突起显著。头板半圆形，尾板小。环带宽，淡黄色，其上有密集的棘刺和 18 簇针束。附着于潮间带中、低潮区岩礁或石块上。

分布于黄海。

③ **红条毛肤石鳖** *Acanthochitona rubrolineata*

体长至 28 mm，宽至 17 mm，长卵圆形。背部中央有 8 块暗绿色的壳板，其上有 3 条红色线纹，并有颗粒状突起和纵肋。头板半圆形，尾板小。环带宽，深绿色，其上有密集的棘刺和 18 簇针束。附着于潮间带中、低潮区的岩礁或石块上，常附着于牡蛎死壳上。

我国沿海广分布。

腹足纲 GASTROPODA

鲍科 Haliotidae

④ **皱纹盘鲍** *Haliotis discus hannai*

壳长至 119 mm。壳顶钝，偏后方，稍高出壳面。壳表面具不规则的皱褶，边缘有 1 列突起的出水孔，通常有 3 ~ 6 个开孔，但以 4 个居多。栖息于低潮线至水深 10 m 左右的岩礁间。食用价值高。

分布于渤海和黄海。

① 杂色鲍 *Haliotis diversicolor*

别名：九孔鲍

壳长至 90 mm，宽至 60 mm。壳顶钝，偏后方，稍高出壳面。壳表面具多数不规则的螺旋肋和细密的生长纹，并具杂色斑。边缘有 1 列突起的出水孔，通常有 6 ～ 9 个开孔。栖息于低潮线至浅海的岩礁或珊瑚礁间。食用价值高。

分布于南海。

花帽贝科 Nacellidae

② 斗嫁蝛 *Cellana grata*

壳长至 43 mm，宽至 34 mm。笠形，壳质较厚。壳表面具明显而密集的放射肋，自壳顶向四周放射出数条褐色螺带或斑点。壳内银灰色，周缘有褐色斑点。附着在高潮线附近的岩礁上。

分布于东海和南海。

③ 嫁蝛 *Cellana toreuma*

壳长至 49 mm，宽至 38.9 mm。较低平，壳质较薄。壳顶向前方略弯曲。壳表面具有明显的放射肋，在肋间有 1 ～ 3 条比较密集的细小肋。壳内周缘具有细齿状的缺刻。附着在潮间带附近的岩礁上。

我国沿海广分布。

笠贝科 Lottiidae

④ 背小节贝 *Collisella dorsuosa*

壳长至 40 mm，宽至 35 mm。帽状，壳质厚。壳表面青灰色，具多数由颗粒构成的细放射肋。壳内灰白色，肌痕黑褐色。附着在潮间带中上部的岩礁上。

我国沿海广分布。

1 史氏背尖贝 *Nipponacmea schrenckii*

壳长至 47 mm，宽至 38 mm。较低平，壳质较薄。壳表面从壳顶至壳缘具有许多细小而密集的放射肋，与生长环纹交织呈细的排列整齐的念珠状颗粒。壳内周缘具有细齿状的缺刻。附着在高潮线附近的岩礁上。

我国沿海广分布。

2 矮拟帽贝 *Patelloida pygmaea*

壳长至 14 mm，宽至 11 mm。帽状，壳质厚。壳表面具放射肋，有的个体放射肋弱。壳面常被腐蚀而呈青灰色，具有黑褐色的放射带，色带之间常有黄褐色斑点。壳内灰白色，肌痕黑褐色。附着在潮间带上区的岩礁上。

我国沿海广分布。

3 鸟爪拟帽贝 *Patelloida saccharina*

壳长至 20 mm，宽至 17 mm。较低平，壳质结实，周缘呈多边形。壳面有 7 条呈爪状的粗壮放射肋，肋间还有细肋。壳内周缘黑褐色。附着在高潮线附近的岩礁上。

分布于东海和南海。

马蹄螺科 Trochidae

4 托氏鲳螺 *Umbonium thomasi*

壳长至 13 mm，宽至 17 mm，扁圆形。壳质稍厚而坚实。壳表平滑，色彩多变。底面平坦、光滑。脐部白色，无脐孔。栖息于泥沙质底潮间带，尤喜河口区域。

我国沿海广分布。

5 单齿螺 *Monodonta labio*

壳长至 25 mm，宽至 23 mm。壳质坚厚。壳表除顶端两层外，螺肋整齐明显，由绿色和褐色相间的近方块形突起组成，形如石块排叠。壳口略呈桃形，外唇边缘向内增厚，形成半环形的齿列。内唇轴唇基部形成 1 个强齿尖。无脐孔。栖息于潮间带的石缝中或石块下。

我国沿海广分布。

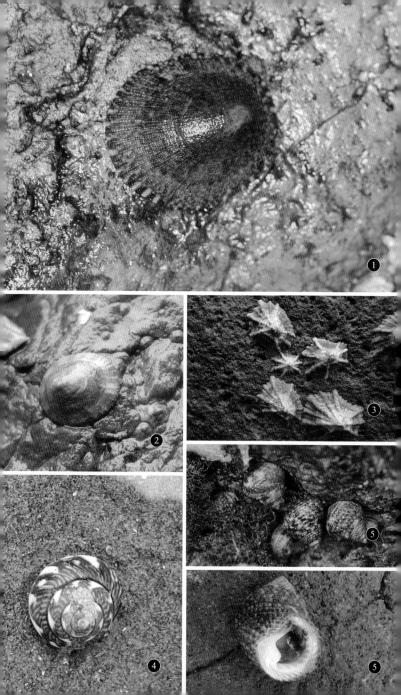

1 银口凹螺 *Chlorostoma argyrostoma*

壳长至 38 mm，低圆锥形，壳质厚。壳面黑灰色，有明显的斜形波纹状肋。壳口斜，银白色，轴唇有 1 个钝齿。脐部翠绿色，具珍珠光泽，脐孔不显。栖息于岩礁质底潮间带至浅海。

分布于东海和南海。

蝾螺科 Turbinidae

2 角蝾螺 *Turbo cornutus*

壳长至 85 mm，壳质坚厚。壳面具有粗细不等的螺肋，肋上有鳞片，在体螺层的肩部常有强大的半管状棘，但有的个体棘不发达。壳口大，厣石灰质，厚，半球形，无脐孔。栖息于岩石质底的低潮线附近至浅海。

分布于东海和南海。

3 粒花冠小月螺 *Lunella coronata granulate*

壳长至 29 mm，壳质坚厚。壳面有许多由颗粒组成的细螺肋，每一螺层的中部和体螺层上有发达的粗螺肋，肋上具有瘤状突起。壳口圆，厣石灰质，厚，半球形，脐孔明显。栖息于潮间带的岩礁间。

分布于东海和南海。

蜑螺科 Neritidae

4 渔舟蜑螺 *Nerita albicilla*

壳长至 23 mm，宽至 27 mm，卵形。壳顶缩于体螺层的背后，螺肋宽而低平，壳色有变化，多为青灰色，有黑色云斑和色带。壳口内白色，外唇有细的肋状齿；内唇宽广，表面具数个颗粒状突起。栖息于潮间带的岩礁间。

分布于东海和南海。

① 齿纹蜒螺 *Nerita yoldii*

壳长至 17 mm，宽至 20 mm，卵形。壳顶缩于体螺层的背后，螺肋低平或不明显。贝壳黄白色，有黑色的花纹和云状斑。壳口内灰绿色或黄绿色，外唇内缘有 1 列齿，内唇中部有 2 ~ 3 枚细齿。栖息于潮间带的岩礁间。

分布于东海和南海。

② 奥莱彩螺 *Clithon oualaniensis*

壳长至 10 mm，宽至 11 mm，近球形。螺旋部低小，体螺层膨圆。壳色多变。轴唇边缘中部略凹，具有 4 ~ 5 个小齿。栖息于泥沙质底高潮区，常群栖于有淡水注入的河口区。

分布于南海。

③ 多色彩螺 *Clithon sowerbianum*

壳长至 12 mm，宽至 13 mm，近球形。螺旋部低小，体螺层膨圆。壳顶常被腐蚀，壳色多变，多为黑色或褐色，具纵行条纹或细小斑点。轴唇边缘锯齿状。栖息于泥沙质底高潮区，常群栖于有淡水注入的河口区。

分布于南海。

④ 紫游螺 *Neritina violacea*

壳长至 15 mm，宽至 19 mm，近半圆形。螺旋部卷入体螺层后方，壳面黄褐色，布有曲折的棕色波状花纹。壳口面宽广，通常为青灰白色或橘黄色。栖息于泥或泥沙质潮间带，常生活在红树林、滨海盐沼或有淡水注入的河口区。

分布于东海和南海。

滨螺科 Littorinidae

⑤ 短滨螺 *Littorina brevicula*

壳高至 13 mm，宽至 11 mm，近球形，壳质坚厚。螺旋部短小，体螺层膨大。壳面生长纹细密，具有粗、细的螺肋，距离不均匀，肋间有数目不等的细肋纹。壳色有变化，壳口内褐色。栖息于高潮线附近的岩礁间。

我国沿海广分布。

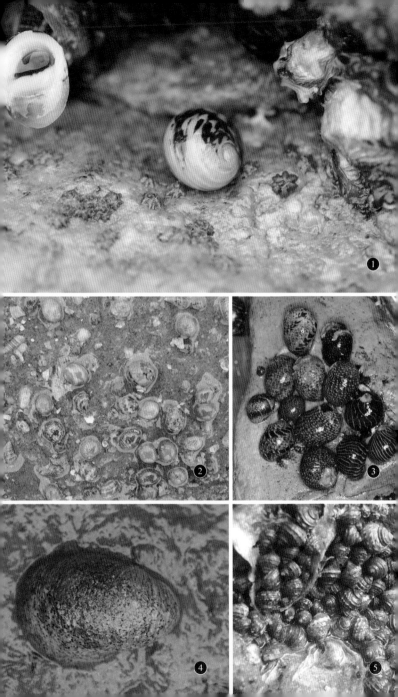

① **黑口拟滨螺** *Littoraria melanostoma*

壳长至 23 mm，尖圆锥形。壳表面有较浅但明显的螺旋沟纹，其上有小的淡褐色斑点或纵形褐色花纹。壳口较大，外唇薄，壳轴为紫黑色。栖息于高潮线附近的岩礁上或红树林的枝干上。

分布于东海和南海。

② **中国拟滨螺** *Littoraria sinensis*

壳长至 30 mm，尖圆锥形。壳表具低平的螺肋，杂有放射状褐色螺带和花纹，贝壳大小和雕刻常有变化。壳口较大，外唇薄。栖息于高潮线附近的岩礁上或红树林的枝干上。

我国沿海广分布。

③ **波纹拟滨螺** *Littoraria undulate*

壳长至 18 mm，圆锥形。壳面具细而低平的螺肋，壳色有变化，从灰黄色、灰色至淡褐色，具有波状褐色或紫褐色花纹。壳口圆，壳内浅褐色。栖息于高潮线附近的岩礁上。

分布于南海。

④ **塔结节滨螺** *Nodilittorina pyramidalis*

壳长至 15 mm，圆锥形。螺旋部较高，壳面呈青灰色，具发达的粒状突起和细螺肋，突起处为黄白色。壳口圆，壳内紫褐色。栖息于高潮线附近的岩礁上或缝隙中。

分布于东海和南海。

狭口螺科 Stenothyridae

⑤ **光滑狭口螺** *Stenothyra glabra*

壳长至 4.5 mm，宽至 2.6 mm。壳两端略细，中间粗大，似圆桶状，壳质较坚实，略透明。壳口狭小。栖息于河口区泥质底潮间带。

分布于渤海、黄海和东海。

河口螺科 Iravadiidae

1 优雅河纹螺 *Fluviocingula elegantula*

壳长至 4.8 mm，宽至 2.9 mm，壳薄稍硬。体螺层约与螺旋部等长。壳口长卵形，外唇薄。栖息于河口区泥质底潮间带，也见于潟湖中，密度常极高。

分布于渤海、黄海和东海。

拟沼螺科 Assimineidae

2 灰拟沼螺 *Assiminea grayana*

壳长至 5 mm，宽至 3 mm，卵圆形，壳质硬。栖息于河口区泥质底潮间带，密度常极高，常攀爬于滨海盐沼植物之上。

分布于东海。

3 绯拟脐螺 *Pseudomphala latericea*

壳长至 12 mm，宽至 7 mm，长卵圆形，壳质结实。壳面绯红色，缝合线下方颜色较淡。壳表光滑，生长纹细密，在缝合线下方有 1～3 条纤细的螺纹。壳口水滴形，外唇薄，易破损，内唇滑层较厚，遮盖脐部。栖息于河口区泥或泥沙质底潮间带。

分布于渤海、黄海和东海。

4 堇拟沼螺 *Assiminea violacea*

壳长至 7 mm，宽至 4 mm。与绯拟沼螺相似，但壳呈黄褐色，有时具有暗褐色色带。栖息于河口区泥或泥沙质底潮间带。

分布于东海和南海。

锥螺科 Turritellidae

5 棒锥螺 *Turritella bacillum*

壳长至 132 mm，呈尖锥形。壳面呈黄褐色或灰褐色，具有不太均匀的细螺肋，肋间有细螺纹。壳口近圆形，内唇稍扭曲。栖息于泥或泥沙质底低潮线附近至浅海。

分布于东海和南海。

蛇螺科 Vermetidae

① 覆瓦小蛇螺 *Serpulorbis imbricata*

贝壳大部分固着在岩石或其他物体上，盘踞成卧蛇状，仅壳口部稍游离。壳面粗糙，呈灰黄色或褐色，具有粗细相间的螺肋，肋上有小鳞片。壳口圆形或卵圆形，壳内褐色。固着于潮间带的岩礁上。

分布于东海和南海。

平轴螺科 Planaxidae

② 平轴螺 *Planaxis sulcatus*

壳长至 21 mm，长卵圆形。壳面具有排列较整齐的低平螺肋，其上具有褐色或紫褐色的斑块，有的具连成放射状的色带。壳口卵圆形，内有放射肋。栖息于高潮线附近的岩礁上。

分布于东海和南海。

汇螺科 Potamididae

③ 红树拟蟹守螺 *Cerithidea rhizophorarum*

壳长至 31 mm，宽至 13 mm，锥形。壳顶常被腐蚀。壳面的纵肋和较细的横肋交织成颗粒状突起。壳口近圆形，内面具棕色带。栖息于有淡水注入的河口区泥沙质底潮间带，常攀爬在红树林的枝干上。

分布于南海。

④ 中华拟蟹守螺 *Cerithidea sinensis*

壳长至 30 mm，宽至 9 mm，锥形。壳顶常被腐蚀。壳面上具有纵肋，在体螺层的背面弱至消失。各螺层上具 1 条紫褐色环带。壳口近圆形，内面具紫褐色条纹。栖息于有淡水注入的河口区泥沙质底潮间带，常攀爬于滨海盐沼植物（芦苇）上。

分布于渤海和黄海。

①　尖锥似蟹守螺 *Cerithideopsis largillierti*

　　壳长至 23 mm，宽至 9 mm，锥形，壳顶尖锐。壳面具黄白色的螺带，螺肋较弱，体螺层亦具纵肋。壳口近圆形，内面具紫褐色条纹。栖息于有淡水注入的河口区泥沙质底潮间带，常攀爬于滨海盐沼植物（芦苇、米草）上。

　　我国沿海广分布。

②　珠带塔形螺 *Pirenella cingulata*

　　别名：珠带拟蟹守螺

　　壳长至 32 mm，宽至 10 mm，锥形。壳顶常被腐蚀。螺旋部各螺层具3 列珠状螺肋，在体螺层近最上列呈珠状。各螺层上具 1 条紫褐色环带。壳口近圆形，内面具紫褐色条纹。栖息于有淡水注入的河口区泥沙质底潮间带。

　　我国沿海广分布。

③　沟纹笋光螺 *Terebralia sulcata*

　　壳长至 50 mm，锥形，壳质坚厚。壳面具细沟和粗纵肋，两者交织呈格状。壳口半圆形，内可见红褐色螺带，外唇肥厚，前端弯曲向腹面左侧延伸，遮盖前沟，形成 1 个圆孔。栖息于有淡水注入的河口区泥沙质底潮间带，常生活于红树林中。

　　分布于南海。

滩栖螺科　Batillariidae

④　纵带滩栖螺 *Batillaria zonalis*

　　壳长至 36 mm，宽至 16 mm，锥形。壳顶常被腐蚀。壳面具有明显的纵肋和粗细不均匀的螺肋，螺肋有时成为颗粒状突起。在缝合线下面通常具有 1 条较宽的灰白色螺带。壳口卵圆形，内面具褐色条纹。栖息于泥沙质底潮间带，常生活于有淡水注入的河口区。

　　我国沿海广分布。

① 疣滩栖螺 *Batillaria sordida*

壳长至 35 mm，锥形。基部向右侧稍扭曲，壳面粗糙，具黑褐色的疣状突起和细密的螺肋。壳口卵圆形，外唇边缘常具黑褐色斑点。栖息于潮间带中潮区的岩礁上，喜群居。

分布于东海和南海。

蟹守螺科 Cerithiidae

② 特氏蟹守螺 *Cerithium traillii*

壳长至 36 mm，宽至 9 mm，锥形。细长，略弯曲。壳面具珠粒状螺肋，缝合线凹陷显著。壳口卵圆形，外唇边缘增厚。栖息于泥沙质底潮间带至浅海。

分布于南海。

凤螺科 Strombidae

③ 蜘蛛螺 *Lambis lambis*

壳长至 170 mm，形似蜘蛛。壳背面有 2 列发达的结节突起，腹面平滑。壳口狭长，橙色。外唇扩张，边缘具 7 条爪状棘。栖息于低潮区至浅海，常生活在珊瑚礁间的沙质区和海藻床中。

分布于南海。

玉螺科 Naticidae

④ 真玉螺 *Eunaticina papilla*

壳长至 22 mm，宽至 28 mm，卵圆形。螺旋部短，体螺层膨大，几占贝壳的全部。壳面微膨胀，具低平螺肋，被淡黄色壳皮。壳口梨形，内面瓷白色。内唇较厚，向外扩张形成一个狭的遮缘。脐一部分被其掩盖。栖息于沙或泥沙质潮间带至浅海。

我国沿海广分布。

1 扁玉螺 *Glossaulax didyma*

壳长至 35 mm，宽至 48 mm，半球形。壳顶低小，体螺层宽大，壳面膨胀缝合线下方有 1 条褐色螺带。壳口大，脐孔大而深。栖息于沙或泥沙质潮间带至浅海。卵群围领状。

我国沿海广分布。

宝贝科 Cypraeidae

2 枣红眼球贝 *Erosaria helvola*

壳长至 25 mm，卵圆形。壳面具许多排列不规则的白色斑点和枣红色斑点，壳前后端淡紫色，背线明显。腹面红褐色，壳口窄，两唇齿粗壮。栖息于低潮区至浅海，常隐居于礁石下或缝隙间。

分布于南海。

3 拟枣贝 *Erronea errone*

壳长至 30 mm，近圆筒形。壳面蓝灰色，密布褐色的小斑点。腹面多为淡黄色，壳口窄长，两唇齿粗短。生活时常用外套膜包被贝壳。栖息于潮间带中区至低潮线附近，常隐居于礁石下或缝隙间。

分布于东海和南海。

4 肉色宝贝 *Lyncina carneola*

壳长至 70 mm，长卵圆形。壳面淡肉色，背部有 4 条宽的肉红色螺带，生长纹明显。腹面白色，壳口窄，两唇齿细短，齿间呈紫罗兰色。栖息于低潮区至浅海，常隐居于礁石下或缝隙间。

分布于南海。

5 阿文绶贝 *Mauritia arabica*

壳长至 70 mm，长卵圆形。壳面淡褐色，有不均匀的环纹和纵行而间断的点线花纹，腹面淡黄色，两侧具紫褐色斑点，两唇齿短，红褐色。栖息于潮间带中区至低潮线附近，常隐居于礁石下或珊瑚礁中。

分布于东海和南海。

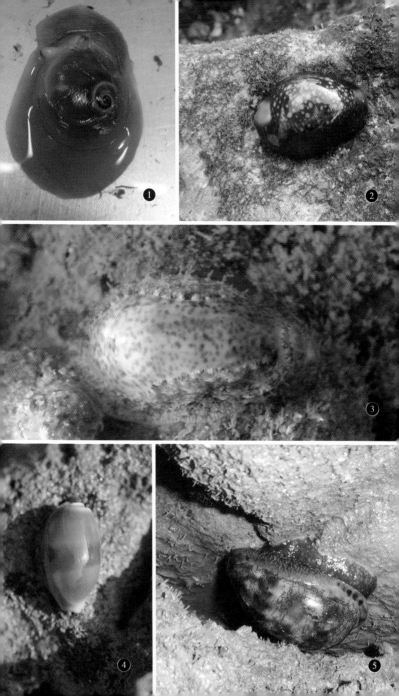

①　货贝 *Monetaria moneta*

　　壳长至 26 mm，低平的卵圆形，上部两侧扩张。壳面黄色，常有 2 ～ 3 条不甚显著的灰绿色螺带。腹面黄白色，壳口窄长，近直，两唇齿稍粗。栖息于潮间带中、低潮区的浅洼内或岩礁间。在古代曾作为货币使用。

　　分布于南海。

②　环纹货贝 *Monetaria annulus*

　　壳长至 23 mm，贝壳近似于货贝。但壳面青灰白色，背部具一金黄色环纹，在贝壳两端常中断，具缺口。腹面白色，壳口窄长，近直，两唇齿稍粗。栖息于潮间带中区至低潮线附近，常隐居于礁石下或缝隙间。在古代曾作为货币使用。

　　分布于南海。

鹑螺科　Tonnidae

③　沟鹑螺 *Tonna sulcosa*

　　壳长至 125 mm，近球形。壳面具较低平的粗螺肋，体螺层上有 4 条宽而明显的褐色色带。壳口大，内缘具有成对排列的齿状肋。脐孔小而深。栖息于泥沙或沙质底浅海。

　　分布于南海和东海。

嵌线螺科　Ranellidae

④　粒蝌蚪螺 *Gyrineum natator*

　　壳长至 40 mm，略呈三角形。壳两侧具纵肿肋，表面有纵横螺肋，两者交叉点上形成颗粒状突起，壳色黄褐色或紫色，颗粒突起部呈黑褐色。壳口卵圆形，外唇内缘具 6 ～ 8 枚齿。栖息于潮间带至浅海岩礁间。

　　分布于东海和南海。

蛙螺科 Bursidae

① 习见赤蛙螺 *Bufonaria rana*

壳长至 80 mm，菱形。壳面具颗粒状结节，两侧具纵肿肋，肋上具短棘。壳口橄榄形，外唇加厚，内缘具白色齿。栖息于泥或泥沙质浅海。

分布于东海和南海。

骨螺科 Muricidae

② 亚洲棘螺 *Chicoreus asianus*

壳长至 80 mm，壳质坚厚。壳面淡黄色或黄褐色，常有褐色斑纹。3条纵肿肋上有长短不等的花瓣状棘刺，以体螺层肩部那列最长，螺层上有2列结节突起。壳口近圆形，沿外唇缘至前沟外侧具数条发达的棘。栖息于低潮线附近的浅海岩礁间。

分布于东海和南海。

③ 镶珠结螺 *Morula musiva*

壳长至 24 mm，壳质坚厚。壳面具排列较规则的黑、褐色相间的圆珠状结节，黑珠低平，褐珠突出。壳口近半圆形，壳内灰黄色或淡蓝色。外唇内缘具 4 ~ 5 个齿。栖息于潮间带岩礁或珊瑚礁间。

分布于南海。

④ 浅缝骨螺 *Murex trapa*

壳长至 110 mm，壳质坚厚。壳面具螺肋，各螺层具 3 条纵肿肋，各纵肿肋和前沟的两侧密生长短不等的棘刺，排列较规则。壳口卵圆形，前沟呈细长管状。栖息于泥沙质浅海，常见于拖网渔获中。

分布于东海和南海。

⑤ 脉红螺 *Rapana venosa*

壳长至 100 mm，壳质坚厚。壳面具螺肋，肩角上具结节状突起。壳口大，壳内杏红色，具宽大的假脐。栖息于岩石或泥沙质底潮间带至浅海。

我国沿海广分布。

① 疣荔枝螺 *Thais clavigera*

壳长至 38 mm，宽至 24 mm，卵圆形，壳质坚厚。螺旋部每螺层具 1 列，体螺层具 4 列低平的疣状突起。壳口卵圆形，外唇边缘具有明显的肋纹。栖息于潮间带中、低潮区的岩礁或石块下。

我国沿海广分布。

② 黄口荔枝螺 *Thais lutrostoma*

壳长至 49 mm，宽至 29 mm，纺锤形，壳质坚厚。螺旋部每螺层具 1 列，体螺层具 4 列角状突起。壳口卵圆形，壳内黄色。栖息于潮间带中、低潮区的岩礁或石块下。

我国沿海广分布。

③ 延管螺 *Magilus antiquus*

壳长至 15 mm，管状。螺旋部极低平，浑圆。壳表白色，多皱纹。钻蛀于浅海珊瑚礁内。

分布于南海。

犬齿螺科 Vasidae

④ 犬齿螺 *Vasum tubinellum*

壳长至 80 mm，近拳头形，壳质重厚。螺旋部低，体螺层大，其上有 6～7 列粗螺肋和瘤状突起，肩角上的那列最大。壳口狭长，壳内黄白色，轴唇上有 4～5 个强的肋状皱襞。栖息于岩礁质底低潮区至浅海。

分布于南海。

核螺科 Columbellidae

⑤ 丽小笔螺 *Mitrella bella*

壳长至 15 mm，尖锥形。壳面光滑，具褐色火焰状花纹，体螺层的基部常有 1 条环带。壳口长卵圆形，外唇内缘通常有 5 枚小齿。栖息于泥沙质底潮间带。

我国沿海广分布。

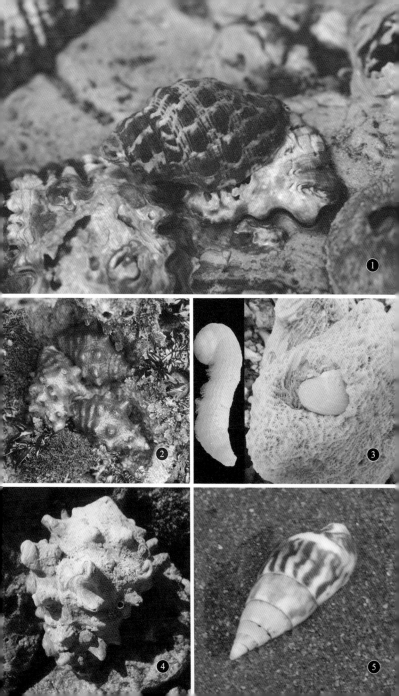

织纹螺科 Nassariidae

① 棕色神山螺 *Cyllene fuscata*

壳长至 21 mm，宽至 9 mm，梭形，壳质坚实。壳面黄白色，各螺层具排列紧密的纵肋，纵肋在体螺层上呈波纹状。壳口卵圆形，内黄白色。栖息于泥沙质底潮间带至浅海。

分布于南海。

② 秀丽织纹螺 *Nassarius festivus*

壳长至 22 mm，宽至 11 mm，长卵圆形，壳质坚实。壳面粗糙，具发达的纵肋和细螺肋，两者交织成颗粒状突起。壳口卵圆形，壳内黄白色。外唇薄，内缘具粒状齿。栖息于泥砂质底潮间带至浅海，常以腐烂的动物尸体为食。

我国沿海广分布。

③ 半褶织纹螺 *Nassarius sinarus*

壳长至 21 mm，宽至 11 mm，长卵圆形，壳质坚实。壳面具显著的纵肋和细螺纹，体螺层背部右侧多平滑无肋。体螺层上具 3 条褐色螺带。壳口卵圆形，壳内黄白色。外唇内缘具齿状肋。栖息于泥或泥沙质底潮间带至浅海。

分布于黄海和东海。

④ 纵肋织纹螺 *Nassarius variciferus*

壳长至 29 mm，宽至 14 mm，长卵圆形，壳质坚实。壳面具突出的粗纵肋和细螺肋。纵肿肋常出现在角螺层的不同位置。壳口卵圆形，壳内黄白色。栖息于沙或泥沙质底潮间带至浅海。

我国沿海广分布。

蛾螺科 Buccinidae

⑤ 甲虫螺 *Cantharus cecillei*

壳长至 36 mm，壳质坚实。壳表具粗而圆的纵肋和细螺肋，以及不连续的褐色螺带。壳口卵圆形，壳内白色，外唇内缘具齿列。栖息于岩礁质底潮间带。

我国沿海广分布。

① **香螺** *Neptunea cumingii*

壳长至 135 mm，壳质结实。螺旋部阶梯状，肩角上具结节状突起。壳口较大，壳内灰白色，前水管沟宽短。栖息于岩礁或泥质底浅海。

分布于渤海和黄海。

② **方斑东风螺** *Babylonia areolata*

壳长至 90 mm，长卵圆形，壳质结实。壳面具近长方形的褐色斑块，被有黄色壳皮。壳口较大，壳内瓷白色。脐孔大而深。栖息于泥沙质底浅海。

分布于东海和南海。

盔螺科 Melongenidae

③ **管角螺** *Hemifusus tuba*

壳长至 300 mm，纺锤形。壳面被有一厚层黄褐色壳皮和壳毛，并具有粗细相间的螺肋和弱纵肋，各螺层的肩角具角状突起。壳口大，前沟直而延长。栖息于泥或泥沙质底浅海。

分布于东海和南海。

榧螺科 Olividae

④ **伶鼬榧螺** *Oliva mustelina*

壳长至 33 mm，宽至 15 mm，圆筒状，壳质坚厚。体螺层高大，约占壳高的 90%。壳面光滑，布有许多波状、纵行的褐色花纹。壳口窄长，壳内紫褐色。轴唇具多个皱襞。栖息于沙或泥沙质底潮间带至浅海。

分布于黄海、东海和南海。

涡螺科 Volutidae

❶ 瓜螺 *Melo melo*

壳长至 96 mm，宽至 66 mm，椭球状。螺旋部小，几乎完全陷入体螺层中。壳面较光滑，呈橘黄色。壳口大，内面极光滑，外唇薄，轴唇上具 4 个皱襞。足肥大，具褐色条纹。栖息于泥沙质底浅海。

分布于东海和南海。

笋螺科 Terebridae

❷ 朝鲜栳笋螺 *Duplicaria koreana*

壳长至 77 mm，尖笋状，壳质结实。壳面紫褐色，缝合线上方具一白色细螺带，螺层具略弯曲的纵肋。壳口卵圆形，壳内橙色。栖息于泥沙质底潮间带至浅海。

分布于渤海、黄海和东海。

长葡萄螺科 Haminoeidae

❸ 泥螺 *Bullacta exarata*

壳长至 19 mm，宽至 14 mm，卵圆形。半透明，壳质薄而脆。螺旋部内卷，体螺层膨胀，为贝壳之全长。壳面雕刻有细而密的螺旋沟。壳口广阔，上部稍狭，底部扩张。生活时软体部半透明，不能完全缩入壳内。栖息于泥或泥沙质底潮间带。

我国沿海广分布。

❹ 长葡萄螺 *Haminoea* sp.

壳长至 9.6 mm，宽至 6.8 mm。卵圆形，半透明，壳质薄而脆。螺旋部内卷，体螺层膨胀，为贝壳之全长。壳面具波状螺旋沟。壳口狭长，全长开口，弧形。生活时软体部为黑色，不能完全缩入壳内。栖息于泥沙质底潮间带，常见于滨海盐沼和红树林中。

分布于南海。

囊螺科 Retusidae

① **婆罗囊螺** *Retusa borneensis*

壳长至 10 mm，宽至 6 mm，圆柱状。半透明，壳质略厚。螺旋部略突出，体螺层几为贝壳之全长。壳面常被墨绿色壳皮。壳口狭长。生活时软体部半透明，不能完全缩入壳内。栖息于泥沙质底潮间带。

分布于东海和南海。

拟海牛科 Doridiidae

② **小拟海牛** *Philinopsis minor*

体长至 40 mm，长筒状。体软，贝壳为内壳，薄片状，透明。无触角和眼，足部发达，几与体长相等。栖息于泥或沙质底潮间带。

分布于黄海和东海。

海兔科 Aplysiidae

③ **黑斑海兔** *Aplysia kurodai*

体长至 200 mm，纺锤形。肥厚，胴部膨胀，向头部、尾部渐尖。口触手大，嗅角小。足宽大，前端截形，后端形成一个钝尾。壳卵圆形，薄，有弱喙状突起。栖息于低潮区及以下海藻床或海草场中。遇到敌害时，会收缩身体，排出紫汁液，使海水浑黑，借以逃避或麻痹杀伤较小型的动物。卵群俗称"海粉丝"，可食用。

分布于东海和南海。

侧鳃科 Pleurobranchaeidae

④ **斑纹无壳侧鳃** *Pleurobranchaea maculata*

别名：蓝无壳侧鳃

体长至 80 mm，宽至 60 mm。无壳，体柔软，头幕大，扇形，两前侧角呈触手状。嗅角小，圆锥形。表面平滑，具网状斑纹，常散布有微细的乳头状小突起。鳃羽状，位于体右侧中部，前端附着于体壁上，后端游离。栖息于泥沙质底潮间带至浅海。

我国沿海广分布。

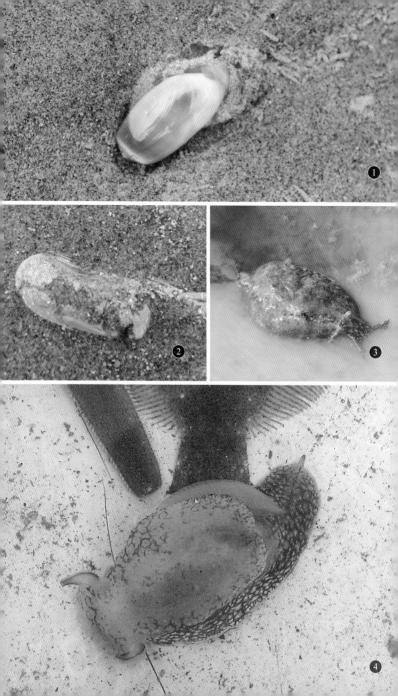

多彩海牛科 Chromodorididae

❶ 青高海牛 *Hypselodoris festive*

体长至 30 mm，无壳。体伸长，光滑。嗅角指状。鳃 10 ~ 12 叶，围绕肛门排列成半圆形。足大，前端圆形，后端稍尖，凸出外套后方。栖息于潮间带至浅海，退潮后在海藻丛中爬行。

分布于东海和南海。

枝鳃海牛科 Dendrodorididae

❷ 红枝鳃海牛 *Dendrodoris rubra*

体长至 70 mm，舌形，柔软，无壳。嗅角短，柄部肥厚。口触手短小，指状。外套宽，背面平滑，边缘薄，呈波状。鳃腔浅，边缘波状隆起形成 5 个瓣状物，在遇到惊吓时也可以将鳃缩入腔中。栖息于潮间带岩礁石头下及海藻丛中。

分布于东海和南海。

叶海牛科 Phyllidiidae

❸ 丘凸叶海牛 *Phyllidia pustulosa*

体长至 60 mm，长椭圆形，无壳。外观柔软，触之稍硬。嗅角小，彼此相靠近。外套稍宽，体黑色，背部装饰有许多灰白色瘤状突起成簇，在背中部的瘤状突起排列呈簇块状。栖息于潮下带浅海珊瑚礁中。

分布于东海和南海。

片鳃科 Arminidae

❹ 微点舌片鳃 *Armina babai*

体长至 80 mm，舌形，柔软，无壳。头幕大，与外套相连，两侧隅呈尖角状，嗅角小。体表具微小的颗粒状白色突起。鳃片在身体两侧缘对称分布。栖息于泥沙质底潮间带至浅海。

我国沿海广分布。

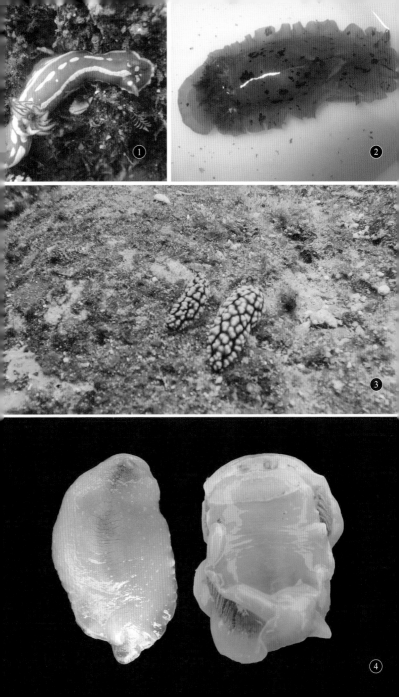

二列鳃科 Bornellidae

1 星纹二列鳃 *Bornella stellifer*

体长至 30 mm，伸长，柔软，无壳。头幕小，前缘有 1 对短的头触手，各具 8 个指状短突。嗅角鞘具 6 个指状突起。体表黄白色，背面布满橙色网纹，具 6 对背侧突起，突起末端具橙色环带。栖息于潮间带至浅海。

分布于东海和南海。

多列鳃科 Facelinodae

2 白斑马蹄鳃 *Sakuraeolis enosimensis*

体长至 30 mm，伸长，柔软，无壳，口触手细长，嗅角平滑。体表黄白色，散布着许多乳白色斑点，具背鳃突起 6 群，第 1-4 群排列呈马蹄铁形，第 5-6 群呈斜列，末端白色。足后端形成长尾。栖息于潮间带至浅海。

分布于黄海、东海和南海。

耳螺科 Euobiidae

3 中国耳螺 *Ellobium chinensis*

壳长至 30 mm，长卵圆形。体螺层高大。壳面有细密的布纹状雕刻，外被 1 层黄褐色的壳皮。壳口长，近耳形，外唇中部厚。轴唇上有 2 个齿。栖息于有淡水注入的河口区高潮线附近，常分布于红树林中。

分布于东海和南海。

4 赛氏女教士螺 *Pythia cecillei*

壳长至 26 mm，水滴形，壳质较薄。壳面平滑，被有黄褐色壳皮，缝合线下方有 1 条黑色色带。壳口近耳形，外唇稍增厚，外翻，具金属光泽，内缘有 3 个弱的突起。轴唇具 2 个强壮皱襞和 1 枚强齿。栖息于高潮线附近，攀附于半红树植物树干上，高度一般不超过 1 m，也可攀附于石砾上或藏身于石砾间。

分布于南海。

① **三角女教士螺** *Pythia trigona*

壳长至 20 mm，近三角形，壳质较薄。壳面平滑，被有黄褐色的壳皮，具黑色色块或色带。壳口近耳形，外唇薄，外翻，内缘具 3 枚齿和 3 ~ 4 个弱的突起。轴唇具 2 个强壮皱襞和 1 枚强齿。栖息于高潮线附近，典型的树栖型耳螺，大部分攀附于红树植物树干，少数攀附于红树植物叶片。

分布于南海。

两栖螺科 Amphiboridae

② **白靥螺** *Lactiforis* sp.

贝壳长至 7 mm，宽至 5.8 mm，球形，质薄，外形与玉螺相似。外唇薄，内唇反折，脐孔深。靥小半部被新月状白斑覆盖。栖息于滨海盐沼和红树林中的泥滩上。

分布于东海和南海。

菊花螺科 Siphonariidae

③ **日本菊花螺** *Siphonaria japonica*

壳长至 19 mm，宽至 14 mm，高至 6.5 mm，笠状，壳质较薄。壳面粗糙，有自壳顶向四周射出的放射肋，壳的周缘不齐。可从腹面观察到囊泡状的肺。附着于高潮区的岩石上，能忍受较长时间干旱不致死亡。

我国沿海广分布。

④ **蛛形菊花螺** *Siphonaria sirius*

壳长至 20 mm，低笠状，壳质较薄。壳面黑褐色，通常有 6 条粗的白色放射肋，肋间还有细肋。壳内黑褐色，放射肋和顶部色浅，右侧水管出入处有一凹沟。附着于潮间带中潮区的岩礁间。

分布于东海和南海。

卵群

石蟥科 Onchidiidae

① **瘤背石磺** *Onchidium reevesii*

体长至 40 mm，宽至 31 mm，高至 16 mm，长椭圆形，无壳。头部具触角 1 对。背部被有许多突起的瘤状背眼。足部肥壮。栖息于滨海盐沼和红树林的泥滩上。

分布于黄海、东海和南海。

掘足纲 SCAPHOPODA

角贝目 DENTALIIDA 角贝科 Dentaliidae

② **大角贝** *Pictodentalium vernedei*

壳长至 130 mm，管状，壳质较厚，弯曲度有变化。壳面具宽窄不等的黄褐色或咖啡色环带。壳表雕刻有低平的细纵肋，壳顶端有一裂缝，壳口圆形。栖息于潮下带至较深的海域。常可在沙滩上捡到死壳。

分布于东海和南海。

③ **变肋角贝** *Dentalium octangulatum*

壳长至 50 mm，管状，壳质较厚。壳面通常具 6 ~ 8 条较强纵肋，呈棱角形，纵肋间有细纹线，并有细环纹。贝壳顶端腹面有浅的 "V" 形缺刻，壳口呈 6 ~ 8 角形。栖息于泥沙或泥质底潮下带至较深的海域，常可在沙滩上捡到死壳。

分布于东海和南海。

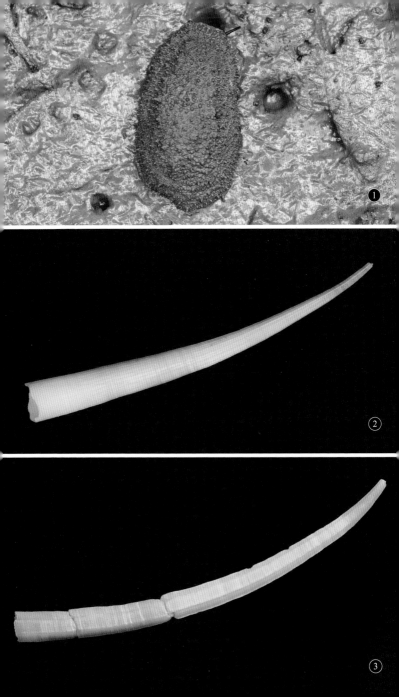

双壳纲 BIVALVIA

蚶目 ARCOIDA　蚶科 Arcidea

❶ 魁蚶 *Anadara broughtonii*

壳长至 85 mm，斜卵圆形。两端膨凸，略不等。壳面白色，被有棕色的壳皮和黑棕色的壳毛；壳表面具有宽且平滑的放射肋 42 条左右。铰合部狭长，齿小而密。栖息于沙或泥沙质底潮间带至浅海。

分布于渤海、黄海和东海。

❷ 毛蚶 *Anadara kagoshimensis*

壳长至 40 mm，近方圆形。膨胀，两壳不等。壳面白色，被有棕色的壳皮和壳毛；具有细密而规则的放射肋 31 ～ 34 条，同心生长纹在腹部比较明显。铰合部直，齿小而密。栖息于沙或泥沙质底潮间带至浅海。

我国沿海广分布。

❸ 青蚶 *Barbatia obliquata*

壳长至 51 mm，长卵圆形。前端小而圆，后端长而宽，腹缘中凹，为足丝孔。壳顶位于前端近 1/4 处，壳面略绿色，具有细密的放射肋和棕色的壳皮。铰合部两端的齿稍大而明显，中间齿小而密。栖息于潮间带至浅海，以足丝固着于岩石上。

分布于东海和南海。

❹ 泥蚶 *Tegillarca granosa*

别名：血蚶

壳长至 30 mm，卵圆形。极膨胀，两壳顶相距甚远，韧带面呈菱形。壳表被有棕色壳皮，无壳毛；具 17 ～ 20 条发达的放射肋，肋上有结节突起。铰合齿细密。栖息于泥质潮间带至浅海。

我国沿海广分布。

贻贝目 MYTILOIDA 贻贝科 Mytilidae

❶ 厚壳贻贝 *Mytilus coruscus*

壳长至 140 mm，贝壳大而厚重，呈楔形。壳背缘弯，背角较明显。壳表粗糙呈黑褐色，生长纹细密，壳顶较尖细，常被腐蚀呈白色。铰合部窄，有 2 个不发达的小齿，足丝较粗且发达。栖息于潮间带至浅海，以足丝固着于岩石上。

分布于黄海、东海和南海。

❷ 紫贻贝 *Mytilus galloprovincialis*

别名：海虹，淡菜

壳长至 90 mm，贝壳呈楔形，凸起，壳质较薄。壳表黑褐色或紫褐色，生长纹明显。铰合部有 2 ~ 5 个粒状小齿。足丝发达。栖息于潮间带至浅海，以足丝固着于岩石或其他物体上。

分布于黄海、东海和南海。

❸ 条纹隔贻贝 *Septifer virgatus*

壳长至 50 mm，贝壳前端尖细，后端宽圆，略呈楔形，壳质较薄。壳表面紫褐色，密布放射状细螺纹，壳顶常呈淡紫色，下方有一个三角形小隔板。栖息于潮间带至浅海，以足丝固着于岩石或其他物体上。

分布于东海和南海。

❹ 短石蛏 *Leiosolenus lischkei*

壳长至 50 mm，贝壳略呈圆柱形，壳质薄，易碎。前端凸圆，后端较扁。壳表具褐色角质壳皮，外被有一层光滑的石灰质薄膜，呈灰白色，无花纹。穴居于潮间带珊瑚礁、石灰石和一些大的贝壳中。

分布于东海和南海。

1 偏顶蛤 *Modiolus modiolus*

壳长至 100 mm，贝壳近长三角形。壳顶凸圆，不位于最前端。壳表隆起肋明显，褐色或棕褐色，壳皮外常有淡黄褐色的毛。铰合部无齿，韧带较粗大。栖息于潮间带至浅海，以足丝固着在沙粒或相互固着在一起生活。

分布于渤海、黄海和东海。

2 黑荞麦蛤 *Xenostrobus atratus*

壳长至 15 mm，贝壳小，略呈三角形。壳质较坚韧，壳顶凸，近前端，腹缘多弯入，背缘前半部较直，后半部近弧形。壳表光滑，无放射肋，黑色。栖息于潮间带，以发达的足丝固着在岩石上或红树林的枝干上，常群栖在一起。

我国沿海广分布。

珍珠贝目 PTERIOIDA　珍珠贝科 Pteriidae

3 中国珍珠贝 *Pteria chinensis*

壳长至 90 mm，飞燕形，壳质薄。两壳不等，前缘斜向后，后缘与后耳处凹入，前耳小，后耳大。壳面黄褐色或黑褐色等，具棘状鳞片，放射状排列。铰合部直长，有脊状小突起。栖息于硬底质低潮线附近至浅海，常固着于柳珊瑚上。

分布于东海和南海。

4 马氏珠母贝 *Pinctada imbricata*

别名：合浦珠母贝

壳长至 87 mm，贝壳近圆方形。两壳稍不等，背缘直，腹缘呈圆形，壳顶的前、后方有耳状突起。壳面黄褐色或青褐色等，并有数条褐色的放射肋，生长纹呈片状，易脱落。铰合部直，具小齿。栖息于硬底质潮间带至浅海。

分布于东海和南海。

扇贝科 Pectinidae

① **栉孔扇贝** *Chlamys farreri*

壳长至 85 mm，圆扇形。右耳下方有足丝孔和 6 ~ 10 枚小栉齿。壳面具明显的放射肋，肋上常有棘刺，两肋间还有数条细的间肋。铰合部直，内韧带发达。以足丝固着于低潮线至浅海生活。

分布于渤海、黄海和东海。

不等蛤科 Anomiidae

② **中国不等蛤** *Anomia chinensis*

壳长至 40 mm，近扁圆形。两壳不等，壳质薄，半透明。左壳较凸，表面多呈橘红色或黄铜色，略具珍珠光泽。右壳平，颜色淡，壳顶处有一卵圆形足丝孔。铰合部无齿。栖息于潮间带，以足丝固着在岩石、石砾或红树林的枝干等物体上生活。

我国沿海广分布。

③ **难解不等蛤** *Enigmonia aenigmatica*

壳长至 40 mm，贝壳呈横椭圆形。两壳不等，壳质薄，半透明。壳面呈紫铜色，放射肋有的明显，有的无。同心生长纹细密而明显。右壳稍小，较平，放射肋不明显，足丝孔呈椭圆形。铰合部无齿。栖息于潮间带，以足丝固着于岩石、石砾或红树林的枝干等物体上生活。

分布于东海和南海。

牡蛎科 Ostreidae

④ **长牡蛎** *Crassostrea gigas*

壳高至 150 mm，壳长至 50 m，贝壳形态和大小常随栖息环境的变化而变化。壳质厚，壳面呈黄褐色或淡紫色等，常有波纹状鳞片。以左壳固着。栖息于潮间带，固着于岩石或其他硬物上生活。

分布于渤海、黄海和东海。

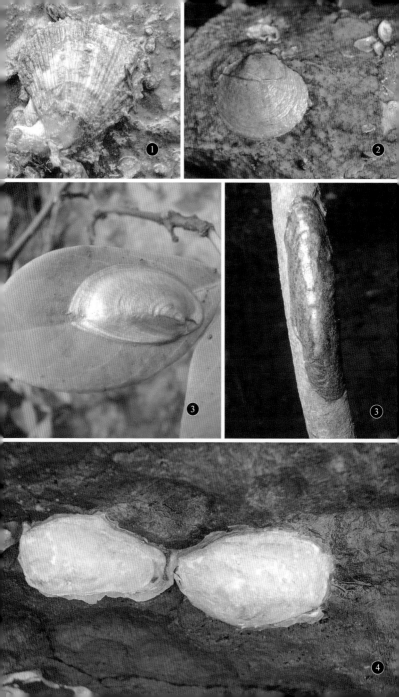

1 团聚牡蛎 *Saccostrea glomerata*

壳长至 39 mm，壳质坚厚，紫黑色。左壳深凹，壳顶腔较深，附着面小，有放射肋；右壳小，较平；两壳的边缘锯齿状。两壳内部边缘均呈紫黑色。栖息于潮间带到潮下带浅水，固着于岩石上生活。

分布于南海。

2 棘刺牡蛎 *Saccostrea kegaki*

壳长至 55 mm，多呈卵圆形或卵三角形。壳面通常呈黑紫色，具有管状棘刺或少数鳞片，鳞片和棘刺或多或少。以左壳顶部固着。栖息于潮间带，固着于岩石上生活。

分布于东海和南海。

帘蛤目 VENEROIDA　　**爱神蛤科** Erycinidae

3 栗色拉沙蛤 *Lasaea undulata*

壳长至 3 mm，卵圆形。较膨胀，壳质较厚。壳呈栗皮色，越近边缘颜色越浅。壳表具生长线。栖息于潮间带海藻基部和贻贝等的足丝间。

分布于黄海、东海和南海。

蛤蜊科 Mactridae

4 四角蛤蜊 *Mactra quadrangularos*

壳长至 39 mm，膨胀，近四角形，长度与高度近等。壳顶部白色，近腹缘有黄褐色的壳皮和细的生长轮脉。在壳主齿分叉，右壳呈八字形。栖息于泥或泥沙质底潮间带至浅海。

分布于黄海、东海和南海。

5 西施舌 *Coelomactra antiquate*

壳长至 100 mm，略呈圆三角形，壳质薄。壳面淡黄色或黄白色，壳顶部光滑，为淡紫色，其余壳面有同心生长轮脉，并被有 1 层丝绢状土黄色的壳皮。栖息于沙质底潮间带至浅海。

分布于黄海和南海。

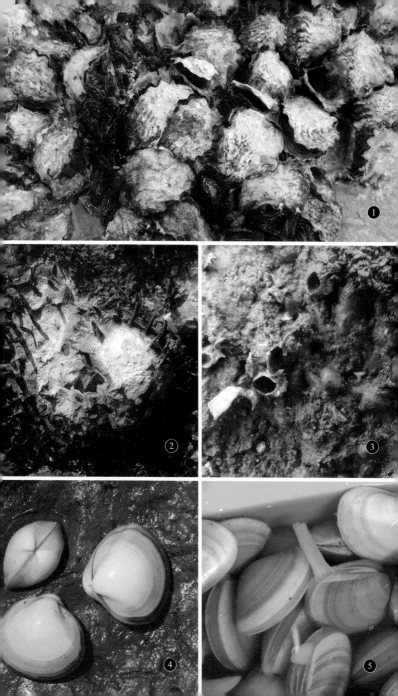

斧蛤科 Donacidae

① 狄氏斧蛤 *Donax dysoni*

壳长至 20 mm，三角形，壳质坚厚。后背缘直，壳表的前半部光滑无放射线，后半部包括后背区有放射肋，并在后背区有同心线两者相交，形成格子状。壳内腹缘和后缘具齿状缺刻。后背缘呈紫色。栖息于沙质底潮间带至浅海。

分布于东海和南海。

② 豆斧蛤 *Donax faba*

壳长至 20 mm，圆三角形，壳质厚。壳顶近后方前缘长，后缘斜。壳面多呈灰白色，有褐色或紫褐色花纹和放射带，同心生长轮明显。栖息于沙质底潮间带至浅海。

分布于南海。

樱蛤科 Tellinidae

③ 拟箱美丽蛤 *Merisca capsoides*

壳长至 42 mm，侧扁，后端偏向右方。壳顶尖，较低，位于背部近中央处，小月面和楯面均呈披针状，而且陷入较深。壳表面的同心肋越近后部越显著，逐渐形成低的片状。自壳顶到后部有一放射脊。壳面的中部有纤细的放射刻纹。栖息于沙或泥沙质底潮间带。

分布于东海和南海。

④ 彩虹蛤 *Iridona iridescens*

别名：海瓜子，彩虹明樱蛤

壳长至 20 mm，圆三角形或长椭圆形，质薄，两侧不等。壳顶面白色略带粉红色，生长纹细密，在壳后端有一小的纵褶。两壳各有主齿 2 枚。栖息于泥质底潮间带至浅海。

分布于渤海、黄海及东海。

紫云蛤科 Psammobiidae

1 双生塑蛤 *Asaphis violascens*

壳长至 80 mm，椭圆形。较膨胀，后端微开口。壳表具放射肋，粗细不等，后部者较粗，同心生长线不规则。壳表颜色多变化，有白色、灰色、黄色、粉红色或紫色。栖息于沙质底潮间带。

分布于南海。

2 中国紫蛤 *Sanguinolaria chinensis*

壳长至 95 mm，长椭圆形。壳表被有一层橄榄色的壳皮，脱落后呈蓝紫色，有浅色的放射带，生长轮脉明显。外韧带突出。栖息于沙质底潮间带至浅海。

我国沿海广分布。

截蛏科 Solecurtidae

3 缢蛏 *Sinonovacula constricta*

壳长至 80 mm，近长方形。壳顶位于背缘近前方。贝壳前后端均为圆形，两端有开口。壳面生长纹粗糙，外被有一层粗糙的黄绿色或黄褐色壳皮，从壳顶至腹缘有 1 条凹的斜沟。栖息于泥质底潮间带，多生活于河口区。

我国沿海广分布。

竹蛏科 Solenidae

4 大竹蛏 *Solen grandis*

壳长至 100 mm，竹筒状，壳质薄脆。前缘截形，后缘近圆形，壳面平滑有光泽，被有 1 层黄褐色壳皮，常有淡红色的斑纹。铰合部小，两壳各有主齿 1 枚。栖息于沙或泥沙质底潮间带至浅海。

我国沿海广分布。

刀蛏科 Cultellidae

① 小荚蛏 *Siliqua minima*

壳长至 34 mm，椭圆形，两端圆，壳质薄。壳面黄白色，被有 1 层黄褐色壳皮，生长轮脉细。韧带呈紫褐色，短而凸出。可观察到壳内在主齿下方各具 1 条伸向腹缘的强大的肋。栖息于沙质底浅海，常生活于河口区。

我国沿海广分布。

蚬科 Corbiculidae

② 刻纹蚬 *Corbicula largillierti*

壳长至 20 mm，正三角形，壳质坚厚。壳面常呈棕黄色、黄褐色或漆黑色等，有光泽。具同心圆的密而细的生长轮脉。内面珍珠层淡紫色，有瓷状光泽。栖息于沙或泥沙质潮间带至潮下带。

淡水种，分布于长江流域及以南地区。可分布于大型河口（长江口、珠江口）的低盐度区域。

③ 红树蚬 *Gelonia coaxans*

壳长至 65 mm，较膨胀，壳质厚重。壳顶突出前倾，位于近中央。壳皮厚，具同心刻纹。自壳顶向后腹缘有一浅的缢沟。栖息于河口区的泥质底潮间带，常生活于红树林中。

分布于南海。

帘蛤科 Veneridae

④ 鳞杓拿蛤 *Anomalodiscus squamosus*

壳长至 30 mm，杓状。前端钝圆，后端尖瘦，壳质坚硬。壳面黄褐色，粗壮的生长纹交织成念珠状或鳞片状突起，小月面很长。栖息于泥或泥沙质底潮间带。

分布于南海。

① 美叶雪蛤 *Clausinella calophylla*

壳长至 40 mm。壳顶突出向前倾，位于背部前端约 1/3 处。小月面心脏形，周围下陷，楯面披针状，略下陷，表面光滑。壳表面具有稀疏的片状同心肋。栖息于沙质潮间带至浅海。

分布于东海和南海。

② 凸加夫蛤 *Gafraium tumidum*

壳长至 37 mm，较膨胀。壳顶低，前倾，位于前端 1/3 处。小月面长卵圆形，楯面狭长，下部下陷。外韧带下沉。壳表生长纹细密，放射肋粗壮，两者相交形成结节，但后部结节不明显。栖息于沙质或泥沙质潮间带至浅海。

分布于南海。

③ 饼干镜蛤 *Dosinia biscocta*

壳长至 40 mm，圆形、侧扁，壳质坚厚。壳高大于或等于壳长。壳表同心肋在前部走向有不规则皱纹，是本种最大的特点。栖息于沙质的潮间带至浅海。

我国沿海广分布。

④ 波纹巴非蛤 *Paphia undulata*

壳长至 72 mm，壳面布满紫色波纹，生长纹很密，并有与之相交的斜行纹。栖息于泥沙质底潮间带至浅海。

分布于东海和南海。

⑤ 等边浅蛤 *Gomphina aequilatera*

壳长至 44 mm，略呈等边三角形。前端圆，后端尖，腹缘弧形。栖息于砂质底潮间带至浅海。

我国沿海广分布。

⑥ 菲律宾蛤仔 *Ruditapes philippinarum*

壳长至 50 mm，近卵圆形。形态和花纹变异较大，壳面多为灰黄色或青灰色等，放射纹细密，与同心生长纹交织成布纹状。栖息于泥沙、粗沙或小砾石质底潮间带至浅海。

我国沿海广分布。

① **汛潮环楔形蛤** *Cyclosunetta menstrualis*

壳长至 37 mm，斜卵圆形，壳质较硬，极度侧扁。壳顶尖，位于背部中央，前倾。壳面光滑，具有光滑的漆状壳皮，具放射状紫色斑块和花纹。生长纹纤细，上有更细的生长纹。栖息于沙质底潮间带至浅海区。

分布于黄海。

② **琴文蛤** *Meretrix lyrata*

壳长至 44 mm，卵圆三角形，壳质较厚。前端圆，后端尖。壳皮灰色，同心肋宽，肋间沟狭而浅。壳的后背区为深褐色，内面白色。栖息于沙质底潮间带至浅海。

分布于南海。

③ **短文蛤** *Meretrix petechailis*

壳长至 76 mm，卵圆三角形，壳质较厚。壳顶较尖，壳的前背缘直，后背缘凸，前端略圆，后端略尖。壳表面颜色多变。栖息于沙质底潮间带至浅海。

我国沿海广分布。

④ **青蛤** *Cyclina sinensis*

壳长至 90 mm，近圆形，壳面膨胀。同心生长轮脉，壳顶细密，腹缘变得较粗，无小月面。壳色灰白、淡黄色。铰合部狭长，3 枚主齿集中于铰合前部。栖息于泥沙质底潮间带。

我国沿海广分布。

绿螂科 Glauconomidae

⑤ **皱纹绿螂** *Glauconome corrugata*

壳长至 27 mm，略呈长方形，壳质薄。壳顶位于背部中央之前，较低平。壳皮绿色，同心刻纹在前、后较为粗糙。栖息于泥沙质底潮间带，常生活于中潮区的盐沼植物下。

分布于东海和南海。

海鞘目 MYOIDA   海鞘科 Myidae

① 砂海螂 *Mya arenaria*

壳长至 82 mm，卵圆形，壳质较厚。壳顶位于中央之前，前端圆，后部较细，末端尖，开口。壳皮土黄色，易于脱落，同心纹粗糙。栖息于泥沙质底潮间带至浅海。

分布于渤海和黄海。

篮蛤科 Corbulidae

② 黑龙江河篮蛤 *Potamocorbula amurensis*

壳长至 28 mm，三角形。左壳小，右壳大而膨胀，壳质较厚。壳顶较突出，位于背部中央附近。壳皮淡黄色，生长线较弱。右壳除生长线外，尚有纤细的放射刻纹。栖息于河口区泥沙质底潮间带至浅海。

分布于黄海、东海和南海。

③ 光滑河篮蛤 *Potamocorbula laevis*

壳长至 15 mm，卵圆形。膨胀，左壳小，右壳大，壳质较薄。壳顶位于背部中央位置之前。壳皮土黄色，遍布壳表面。生长线细弱。栖息于河口区泥沙质底潮间带至浅海。

我国沿海广分布。

④ 红齿硬篮蛤 *Solidicorbula erythrodon*

壳长至 24 mm，长卵圆形。左壳小，右壳大，壳质坚硬。前端钝圆，后端尖瘦。左壳后端有舌状水管板。壳面灰白色，有粗细不均的同心生长纹。栖息于泥或沙泥质底浅海，常生活于河口区。

分布于东海和南海。

海笋科 Pholadidae

⑤ 东方海笋 *Pholas orientalis*

壳长至 125 mm，贝壳细长，壳顶近前端。壳面白色，分为前、后两部分，前部自壳顶有鳞状的放射肋，后部平滑，仅有生长纹。壳顶背面壳缘向外卷曲，有一隔板呈格子状。栖息于泥沙质底潮间带。

分布于南海。

笋螂目 PHOLADOMYOIDA　鸭嘴蛤科 Laternulidae

① 渤海鸭嘴蛤 Laternula marilina

壳长至 40 mm，长卵圆形。壳质薄脆，半透明。壳面灰白色，具同心生长纹。两壳闭合时，前、后端有开口，两壳顶处各有 1 条裂痕。铰合部有 1 个石灰质韧带片，韧带槽匙形。栖息于泥沙质底潮间带至浅海。

我国沿海广分布。

头足纲 CEPHOLOPODA

枪形目 TEUTHOIDEA　枪乌贼科 Loliginidae

② 日本枪乌贼 Loliolus japonica

别名：鱿鱼，笔管

胴长至 120 mm，圆锥形，体表具色素点斑。两鳍相接，菱形，位于胴部后半部，长度超过胴长的 1/2。腕 10 只，吸盘 2 行。内壳矢状，角质，透明。在浅海繁殖，深海越冬，常见于张网渔获中。

分布于渤海、黄海和东海。

乌贼目 SEPIOIDEA　乌贼科 Sepiidae

③ 日本无针乌贼 Sepiella japonica

别名：墨斗

胴长至 190 mm，长盾形，体表背面具很多近椭圆形的白花斑。肉鳍前狭后宽，位于胴部两侧全缘，在末端分离。腕 10 只，吸盘 4 行。内壳椭圆形，石灰质，半透明。在浅海繁殖，深海越冬，常见于张网渔获中。

我国沿海广分布。

耳乌贼科 Sepiolidae

① 双喙耳乌贼 *Sepiola birostrata*

胴长至 22 mm，圆袋形。体表具色素点斑。肉鳍较大，耳状，位于胴部两侧中部。腕 10 只，吸盘 2 行。内壳退化。栖息于沙质底浅海，常潜伏沙中，也能凭借漏斗的射流作用游行于水中，常见于张网渔获中。

我国沿海广分布。

八腕目 OCTOPODA 蛸科 Octopodidae

② 短蛸 *Octopus fangsiao*

别名：章鱼，望潮，八带

胴长至 80 mm，卵圆形。体表具很多近圆形颗粒，眼前具金圈。腕短，各腕长度相近。腕 8 只，吸盘 2 行。在浅海繁殖，深海越冬，繁殖期会涌向沙质底潮间带，最高可达高潮区，潜伏于沙中或石块下。

我国沿海广分布。

③ 长蛸 *Octopus minor*

别名：章鱼，望潮，八带

胴长至 140 mm，长卵圆形。体表具极细的色素点斑。腕长，各腕长度不等。腕 8 只，吸盘 2 行。在浅海繁殖，深海越冬，繁殖期会涌向泥质底潮间带，潜伏于泥中。

我国沿海广分布。

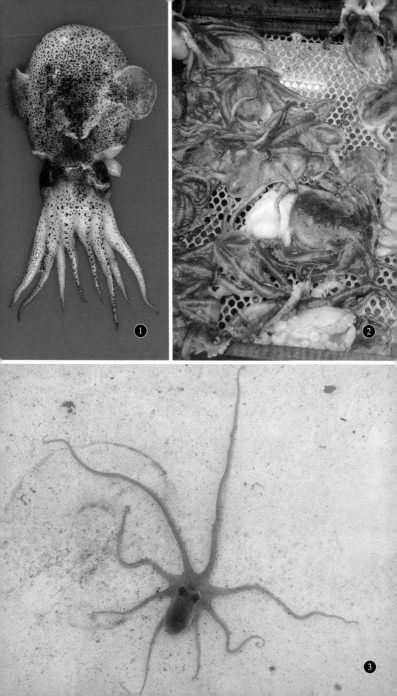

节肢动物门 ARTHROPODA

螯肢亚门 CHELICERATA　肢口纲 MEROSTOMATA

剑尾目 XIPHOSURIDA　鲎科 Limulidae

❶ 圆尾蝎鲎 *Carcinoscorpius rotundicauda*

由头胸部、腹部和尾剑 3 部分组成。头胸甲宽至 10 cm。全体覆以硬甲，背面圆突，腹面凹陷。头胸甲背面突起较低，内凹较浅。腹部呈六角形，两侧缘有 6 对可活动的倒刺。腹部末端无尖刺。尾剑呈半圆柱形，光滑无小刺，尾剑明显长于背甲。栖息于沙或泥沙质底潮间带至浅海，有毒。

分布于南海。

❷ 中国鲎 *Tachypleus tridentatus*

由头胸部、腹部和尾剑 3 部分组成。头胸甲宽至 20 cm。全体覆以硬甲，背面圆突，腹面凹陷。头胸部背甲广阔，呈马蹄形。腹部略呈六角形，雄鲎两侧缘有 6 对可活动的倒刺，雌鲎仅 3 对倒刺较显著。腹部末端有 3 枚尖刺。尾剑三棱锥形，在上棱角及下侧两棱角基部具有锯齿状小刺，长度大致等于背甲。栖息于沙或泥沙质底潮间带至浅海。

分布于东海和南海。

蛛形纲 ARACHNIDA

蜘蛛目 ARANEAE　络新妇科 Nephilidae

❸ 斑络新妇 *Nephila pilipes*

体长至 50 mm。背甲具有浓密的带金属光泽的绒毛。颈沟较深。中窝前方的头部后端具有 1 对锥状突起。螯肢、步足呈黑褐色，具有浓密的黑毛，胫节具有 1 圈黄色环纹，腿节、膝节和胫节基部腹面呈黄色。腹部呈长卵形，背面具有对称的黄褐相间的纵向斑纹，腹面暗褐色，具有黄色斑点。

常在东海和南海沿岸的红树林中结网。

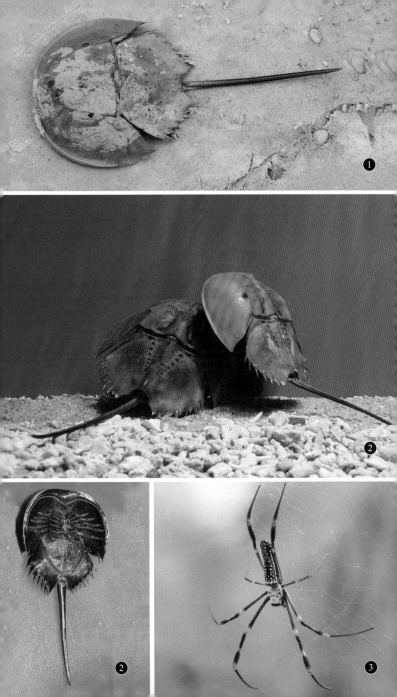

肖蛸科 Tetragnathidae

1 尖尾肖蛸 *Tetragnatha caudicula*

体长至 15 mm。背甲黄褐色，颈沟和放射沟呈浅褐色。中窝横向。螯肢发达，向前伸出。步足细长，呈黄褐色。腹部后端强烈向后延伸，尾部长度约占腹部的 1/3。腹部背面呈浅褐色，具有银色鳞斑，中央 1 条纵向条状区域及两侧 5 对对称的分支区域颜色较浅，不具鳞斑。纺器位于腹部腹面距末端约 1/3 处。雄蛛体形较雌蛛小，螯肢发达。在芦苇茎秆及叶片上营游猎生活。

分布于滨海芦苇盐沼中。

2 圆尾肖蛸 *Tetragnatha vermiformis*

体长至 11 mm。背甲黄褐色，颈沟和放射沟呈浅褐色。中窝具有黑褐色括弧形外缘。螯肢粗壮，向前伸出。步足细长，呈黄褐色。腹部长卵形，末端卵圆形，呈黄绿色，具有银色鳞斑。腹面具有从背面第 1 对肌斑发出通向纺器的条斑。雄蛛体形较雌蛛小，螯肢发达。在芦苇茎秆及叶片上结网或营游猎生活。

分布于滨海芦苇盐沼中。

跳蛛科 Salticidae

3 纵条门多蛛 *Mendoza canestrinii*

体长至 11 mm。背甲深红褐色，被白毛。眼区黑色，占头胸部约 1/2。前眼列均朝前方，前中眼较其他眼大，后眼列强烈前屈。步足黄褐色，第 1 步足长且粗壮。腹部长椭圆形，末端稍细。腹部背面黄褐色，具有 2 条黑褐色纵向宽斑纹。雄蛛头胸部占体长比例比雌蛛大。不结网，在芦苇茎秆及叶片上营游猎生活，用蛛丝卷曲叶片建巢。

分布于滨海芦苇盐沼中。

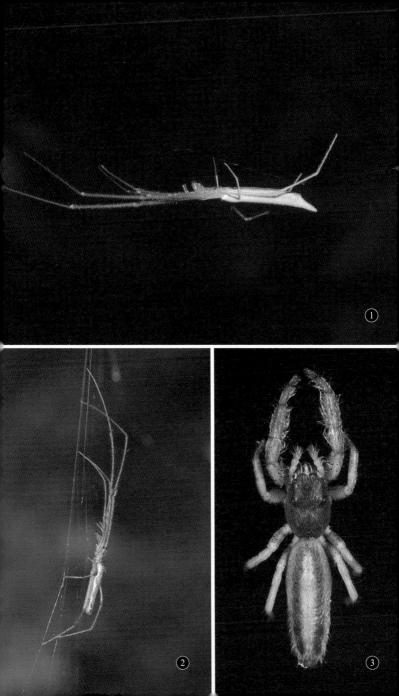

海蜘蛛纲 PYCNOGONIDA

皆足目 PANTOPODA　安海蛛科 Endeidae

1 安海蛛 *Endeis* sp.

体细长，步足长约为体长的 2 倍。攀爬于海绵上。
分布于南海。

甲壳动物亚门 CRUSTACEA　鳃足纲 BRANCHIOPODA

无甲目 ANOSTRACA　卤虫科 Artemiidae

2 卤虫 *Artemia* sp.

雌大雄小，雄性体长至 10 mm，雌性体长至 11 mm，大者可达 15 mm。身体细长，可分为头、胸、腹 3 部分。头、胸部的长度与腹部约等长或稍短，腹部近末端略膨胀。第 1 触角细小，呈棒状，不分节，末端有感觉毛。雌虫第 2 触角短粗而略弯曲，雄虫的第 2 触角极为发达，末节大而平扁，特化成抱持器，两侧具 1 对具柄的复眼。胸部 11 对附肢，胸肢分为外叶、内叶、扇叶和鳃叶。腹部第 1—2 节为生殖节，雌虫在生殖节有 1 个卵囊，雄虫此处为交接器。交接器的基节粗壮，里面有 2 个圆形突起；第 2 节为扁平的三角形，末端突出常向内弯。游泳时腹部朝上，身体颜色可随水体盐度变化。

分布于海滨潟湖、盐田等高盐水域，但不出现于海洋，是水产养殖的重要饵料。

六蜕纲 HEXANAUPLIA

蔓足类（鞘甲亚纲 THECOSTRACA　蔓足下纲 CIRRIPEDIA）

茗荷目 LEPADIFORMES　花茗荷科 Poecilasmatidae

3 斧板茗荷 *Octolasmis warwickii*

头部长至 12 mm，宽至 6.9 mm；柄部长至 7.8 mm，宽至 2.7 mm。壳板 5 片，分离较远，光滑。柄部外膜具小颗粒。固着于虾蟹的甲壳上。
分布于东海和南海。

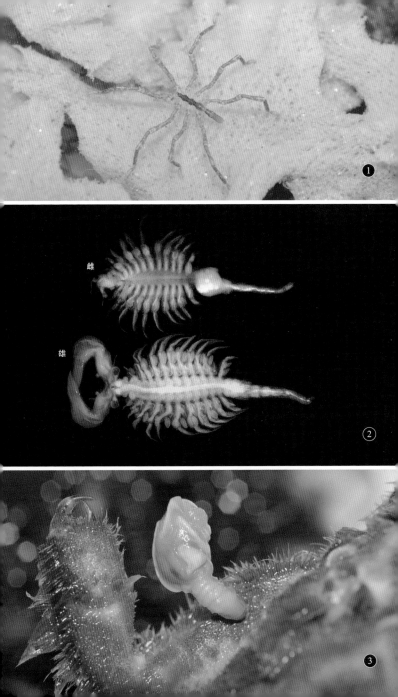

雌

雄

茗荷科 Lepadidae

① 茗荷 *Lepas anatifera anatifera*

头部长至 50 mm，宽至 31 mm；柄部长至 58 mm，宽至 19.5 mm。壳板 5 片，靠近，光滑或具弱放射纹。柄部粗壮，污黄褐色。通常固着于漂浮的物体上，如木材、浮标、浮船等。

分布于黄海、东海和南海。

铠茗荷目 SCALPELLIFORMES 指茗荷科 Pollicipedidae

② 龟足 *Capitulum mitella*

头部峰吻径至 44 mm，高至 27 mm；柄部长至 15 mm，宽至 25 mm。头部侧扁，由楯板、背板、上侧板、峰板、吻板等 8 个大壳板形成壳室，基部有一排小侧壳板轮生。柄部略短于头部，完全被小鳞片有规则地覆盖。固着于岩石缝中。

分布于东海和南海。

无柄目 SESSILIA 小藤壶科 Chthamalidae

③ 东方小藤壶 *Chthamalus challenger*

峰吻径至 13 mm，侧径至 11.5 mm，高至 9.8 mm。壳低扁，表面光滑或有肋，板缝简单。盖板雕刻显著，楯板内部有显著闭壳肌脊，开闭缘显著隆起，背板窄长。固着于潮间带至潮上带岩石上。

分布于渤海和黄海。

④ 马来小藤壶 *Chthamalus malayensis*

峰吻径至 15 mm，侧径至 15 mm，高至 3.7 mm。壳低扁、卵圆、白色或淡蓝绿色，壳板有不规则的肋，板缝简单。口大菱形。盖板光滑白色，楯板背缘深凹，关节脊突出，闭壳肌脊不明显，压肌窝深，无压肌脊。背板厚而平坦，关节脊突出，距很小。固着于潮间带岩石和其他动物壳上。

分布于南海。

① 白条地藤壶 *Euraphia withersi*

峰吻径至 11 mm，侧径至 10.4 mm，高至 5 mm。壳低扁，褐色，表面多光滑，板缝直而清楚。盖板外表具 4 条白色条纹，楯板几乎成直角三角形，关节脊不突出于背缘，无闭壳肌脊。背板上宽下窄，距不明显。固着于潮间带岩石、红树或其他动物壳上。

分布于东海和南海。

笠藤壶科 Tetraclitidae

② 日本笠藤壶 *Tetraclita japonica*

峰吻径至 42 mm，侧径至 42 mm，高至 23.2 mm。壳圆锥形，壳口较大，表面鼠灰色到灰紫色，若外膜失去则裸露灰紫色到青紫色梭形纵肋，肋较粗糙。幅部全无或很窄。壁板厚，纵管多排。鞘黑紫。基底膜质。盖板较宽阔，内面蓝紫色到紫红色。楯板开闭缘黑色，具少数大齿，关节脊低，闭壳几脊发达，具侧压肌脊和吻压肌脊。背板有中央沟，距窄而尖。固着于潮间带和潮下带岩石及浮标上。

分布于东海和南海。

藤壶科 Balanidae

③ 红树纹藤壶 *Amphibalanus rhizophorae*

峰吻径至 23 mm，侧径至 22.7 mm，高至 11.3 mm。壳圆锥形，表面光滑，有灰紫色细纵条纹。幅部狭窄，顶缘斜。翼部宽而薄，顶缘圆斜。楯板狭三角形，外表面稍拱，光滑，淡灰紫色，生长脊不突出，基缘长度小于或等于背缘，关节脊约为背缘的 1/2，闭壳肌脊长而发达。背板宽阔，基缘直，距至基楯角的距离超过距长的 1/2。固着于潮间带码头及红树干上，常同白条地藤壶和白脊管藤壶混栖。

分布于南海。

④ 网纹纹藤壶 *Amphibalanus reticulates*

峰吻径至 31 mm，侧径至 20.5 mm，高至 19.9 mm。壳圆锥形，表面光滑，略带玻璃光泽，底白色、奶油色到淡粉红色，有蓝紫色到猩红色的纵条纹与白色横条纹交错。楯板无凹穴，有不明显的纵放射纹，生长线光滑。幅部较窄，顶缘斜。背板距较窄。固着于潮间带和潮下带船底、浮标和岩石上。

分布于东海和南海。

1 白脊管藤壶 *Fistulobalanus albicostatus*

峰吻径至 24 mm，侧径至 19.2 mm，高至 15.3 mm。壳圆锥形，每壳板表面具有粗细不等的许多白色纵肋，在基部宽而显著，靠近壳顶部分则细狭，肋间呈暗紫色。壳表常被钙藻侵蚀，呈绿色。固着于潮间带码头、岩石、木桩、贝壳、船底和红树等。

我国沿海广分布。

2 钟巨藤壶 *Megabalanus tintinnabulum*

峰吻径至 80.1 mm，侧径至 78.5 mm，高至 67.1 mm。大型藤壶、圆锥或筒锥形，光滑无刺或有纵皱褶，壁板粉红色或紫红色，有细的暗紫色纵条纹，幅部常为暗紫色。楯板宽阔，生长脊清楚，基背角圆。背板几乎为等边三角形，顶端不成喙状，中央沟闭合，距狭长，其两侧板基缘几乎成一直线。固着于低潮线以下的岩石上。

分布于东海和南海。

有刺胞幼体目 KENTROGONIDA　蟹奴科 Sacculinidae

3 蟹奴 *Sacculina* sp.

雌雄同体，无口器，无附肢，具发达的生殖腺及外被的膜。大多寄生于蟹的腹部。柄形呈根状的细管，蔓延到蟹体躯干与附肢的肌肉、神经系统和内脏等组织，吸取营养。暴露于寄主体外的部分柔软，囊状，为孵育囊。

标本采自黄海潮间带。

桡足亚纲 Copepoda

哲水蚤目 CALANOIDA　哲水蚤科 Calanidae

4 中华哲水蚤 *Calanus sinicus*

头、胸部椭球形，分 6 节，胸部后侧角钝圆，尾叉较短。雌性体长至 3.5 mm，腹部分 4 节，第 1 节为生殖节，其长宽大致相等，腹面突出，其余各节宽大于长。雄性体长至 3.5 mm，腹部分 5 节，第 1 触角基部略膨大。数量丰富，常是浮游动物群落中最优势种，是鱼类的重要饵料生物。

广泛分布于渤海至南海北部的近岸区。

管口鱼虱目 SIPHONOSTOMATOIDA 颚鱼虱科 Lernaeopodidae

① **伪蓝颚虱** *Pseudocharopinus* sp.

雌雄异型，雌大雄小。雌体头胸部长至 2.3 mm。头部具 1 发达背甲，躯干部狭长，末端中部具 1 个双叶状的生殖突。第 1 颚足短于头胸部，末端合并于 1 个蕈状泡上。寄生于鱼的鳃丝及体表上。

标本来自南海。

介形纲 OSTRACODA

壮肢目 MYODOCOPIDA 星萤科 Asteropidae

② **毛束圆星萤** *Cyclasterope fascigera*

壳长至 6 mm，壳高约为壳长的 70%。壳呈卵圆形，壳的背、腹缘明显穹凸。双壳布满小刺和小圆凹，每个小圆凹的中心为细孔。第 1 触角第 1 节的腹缘密生 1 列较长的细毛，第 2 触角的内肢由 3 节组成，尾叉具 10 对爪。营浮游生活。

分布于南海。

软甲纲 MALACOSTRACA

狭甲目 LEPTOSTRACA 叶虾科 Nebaliidae

③ **叶虾** *Nebalia* sp.

体长至 15 mm。头胸甲大，形成壳瓣，壳瓣背侧中央突出形成额角，额角基部具关节，能活动。头部 5 节，胸部 8 节，腹部细长，包括 7 个腹节和 1 个尾节。胸肢 8 对，叶片状。栖息于泥沙质浅海，常生活于海草场中。

分布于黄海。

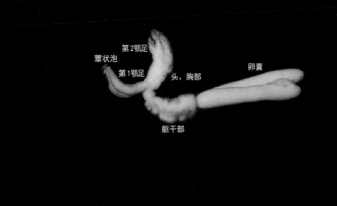

第2颗足
蕈状泡
第1颗足
头、胸部
卵囊
躯干部

① ② ③
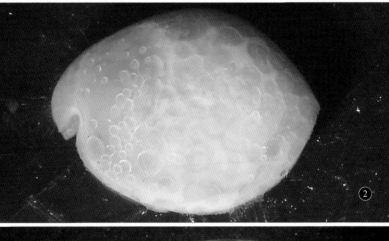

口足目 STOMATOPODA　指虾蛄科 Gonodactylidae

① 窄脊指虾蛄 *Gonodactylus smithii*

体长至 90 mm。头胸甲侧板前缘凸出，圆形，前伸超出额角板基部。额角板具中央刺。掠肢长节内侧具眼状大色斑，指节粗壮，基部膨大成球状，具极大的弹击力。尾节背面前缘有 1 对明显突起，位于第 6 腹节亚中央刺和间刺之间。穴居于潮间带及潮下带珊瑚礁盘的死珊瑚和活珊瑚中。

分布于南海。

琴虾蛄科 Lysiosquillidae

② 沟额琴虾蛄 *Lysiosquilla sulcirostris*

体长至 325 mm。头胸甲前半部具中央脊，其两侧各具一纵沟。掠肢指节具 7 ～ 8 齿，其外缘直或稍凸，掌节长于头胸甲，腕节背刺不向腹面弯曲。第 8 胸节腹面龙骨突呈向后伸的角状或刺状。尾节宽大于长，后缘具 4 对固定突起，外侧 2 对较尖。穴居于软泥或沙泥质底浅水，见于张网的渔获中。

分布于南海。

虾蛄科 Squillidae

③ 猛虾蛄 *Harpiosquilla harpax*

体长至 248 mm。头胸甲具中央脊，后侧缘深内凹。掠肢掌节背缘具一排长短相间的不动刺，其中长刺 7 ～ 8 个。胸部第 5 节侧突圆。尾节宽微大于长，背面中央脊宽圆。尾肢外肢外缘具 7 ～ 11 个活动刺。穴居于软泥或沙泥质底浅水，常见于张网的渔获中。

分布于南海。

④ 黑斑口虾蛄 *Oratosquilla kempi*

体长至 135 mm。与口虾蛄相似，但掠肢长节外侧末下角无刺，第 7 胸节侧突具不明显的双叶，第 2，5 腹节各具黑斑。穴居于泥沙或沙质底潮间带至潮下带，常见于张网的渔获中。

我国沿海广分布。

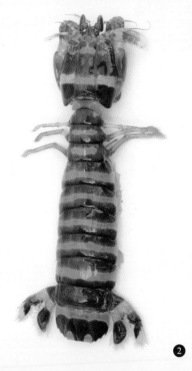

1 口虾蛄 *Oratosquilla oratoria*

体长至 130 mm。头胸甲长大于宽，中央脊近前端部成"Y"形。掠肢的指节具 6 齿，掌节呈栉状齿，腕节背缘有 3～5 齿，长节外侧末下角具刺。第 7 胸节侧突双叶。雄体在第 8 胸节的基部内侧各有 1 个细长的交接器，雌体在第 6 胸节的腹面近中央有 1 个横长雌性开口。穴居于泥沙或沙质底潮间带至潮下带，常见于张网的渔获中。食用价值高。

我国沿海广分布。

糠虾目 MYSIDACEA　糠虾科 Mysidae

2 长额刺糠虾 *Acanthomysis longirostris*

体长至 11 mm。体较纤细，表面光滑。额角呈窄三角形，顶端尖，超过第 1 触角柄第 1 节中部。头胸甲背面后缘不覆盖末 2 胸节，前侧角和后侧角皆为圆形。眼小，短宽；眼柄长。第 3–8 胸肢内肢长而纤细，掌节由10～13 节构成，指节小，周围生毛。尾节宽短，呈舌状，长约为基部宽的2 倍，基部宽，末端窄。营浮游生活。

广分布于近岸河口水域。

端足目 AMPHIPODA　平额钩虾科 Haustoriidae

3 爪始根钩虾 *Eohaustorius cheliferus*

体长至 2.1 mm，体形背腹扁平，柔弱，无眼。活体头胸部至第 1 胸节背面有 1 棕色线纹。触角多羽状毛，第 2 触角第 2 柄节宽，形成翼状突。前两对步足结构明显不同。第 4, 5 步足宽扁，多羽状毛。尾节完全分为两叶，着生于末 1 腹节的左右各侧。潜伏于沙质底潮间带至潮下带。

分布于黄海和东海。

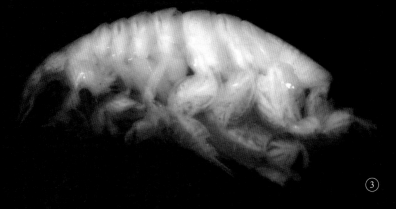

双眼钩虾科 Ampeliscidae

➊ 短角双眼钩虾 *Ampelisca brevicornis*

体躯侧扁，长至 14 mm。头部前缘平截或稍凹，常有背脊，2 对单眼。第 1 触角明显短于第 2 触角。第 1 鳃足底节板末端较宽，掌节卵圆形，指节下缘具细毛。第 2 鳃足较细，腕节长于掌节。尾节长为宽度的 2 倍。栖息于泥沙质底潮间带至浅海。

我国沿海广分布。

合眼钩虾科 Oedicerotidae

➋ 江湖独眼钩虾 *Monoculodes limnophilus*

体躯侧扁，长至 5 mm。头部额角向前下方突出，呈鹰嘴状，其末端略微超过第 1 触角第 1 柄节的末端，背面观呈三角形，两侧缘较平直，前角圆钝。左右复眼在头胸部背面完全愈合，常模糊不清。第 1 鳃足底节板末部较宽阔，腹缘具长毛。第 2 鳃足较第 1 鳃足狭长。尾节矩圆形，末端微凹。营浮游生活。

分布于河口浅水，也能随河口进入淡水区域。

跳钩虾科 Talitridae

➌ 板跳钩虾 *Orchestia platensis*

体躯侧扁，长至 160 mm。眼黑色、较大。口器发达。第 1 触角短，约为第 2 触角的 1/4，第 2 触角长，均多短刺。第 1 鳃足雌雄都有半钳，雄性第 2 腮足掌节粗壮。第 3—5 步足底节渐宽，以第 5 底节最宽。尾节略凹，边缘具短刺。栖息于泥沙或沙质底高潮区。

我国沿海广分布。

蜾蠃蜚科 Corophiidae

① 东滩华蜾蠃蜚 *Sinocorophium dongtanense*

体型较大，体躯圆筒状，背腹略扁平，长至 19 mm。第 1 触角柄第 1 节内面上下缘均具锯齿；第 2 触角发达，雄性第 4 柄节内面具双排刺，末端具 2 强刺。第 2 鳃足长节延伸叶附在腕节之后。第 4—6 腹节分离，第 3 尾肢单枝。穴居于软泥和泥沙质底潮间带至潮下带。

分布于黄海和东海。

畸钩虾科 Aoridae

② 日本大螯蜚 *Crandidierlla japonic*

体躯细长，背腹略扁平，长至 19 mm。雄性第 1 鳃足强壮，腕节螯状；雌性第 1 鳃足较小。第 2 鳃足长节与腕节正常连接。第 4-6 腹节分离，第 3 尾肢单肢。穴居于软泥和泥沙质底潮间带至水下 8 m。

分布于渤海、黄海和东海。

藻钩虾科 Ampithoidae

③ 强壮藻钩虾 *Ampithoe valida*

体躯略侧扁，长至 28 mm。光滑，绿色或灰绿色，常具黑色斑点。头部前缘圆拱，额角不明显，侧叶方形突出。眼卵圆形。第 1—4 底节板较大，第 5 底节板前叶与第 4 底节板几乎同深。第 1 鳃足较细，指节爪状。第 2 鳃足大于第 1 鳃足，雄体者特别发达。第 3，4 步足彼此相似，第 5 步足略小于第 6，7 步足。尾肢双枝。栖息于潮间带和潮下带海藻丛中。

我国沿海广分布。

异钩虾科 Anisoga mmaridae

1 中华原钩虾 *Eogammarus possjeticus*

　　体躯略侧扁，长至 12.2 mm。头侧叶平截，眼较小，黑色，圆形。触角略短，第 1 触角第 1 柄节较强壮。雄体第 1 鳃足较大于第 2 鳃足，腕节三角形，掌节四方形，掌缘具 2 排凿状刺。第 2 鳃足较小，掌节较窄，掌缘斜，具 2 排凿状刺。雌体鳃足较小。尾节裂刻达叶长，叶末端钝圆。栖息于潮间带海藻间或岩石下。

　　分布于渤海和黄海。

麦杆虫科 Caprellidae

2 多棘麦杆虫 *Caprella acanthogaster*

　　体长至 42 mm。背面具许多对壮刺，鳃的基部也有成列的壮刺。第 2 胸节最长，第 1 节稍短于第 2 胸节，第 3—5 节近等长，稍短于第 1 胸节，第 6，7 节最短。头部有 1 对很小的疣突。第 1 触角长于体长的 1/2，第 2 触角稍短于第 1 触角柄部。第 2 鳃足附着于第 2 胸节末部，掌节表面覆有众多长感觉毛。鳃较长，稍短于其附着节。常附着栖息于海藻和海草上。

　　分布于渤海、黄海和东海。

泉蛾科 Hyperiidae

3 细足法蛾 *Themisto gracilipes*

　　雌雄异型，雌体较大，体长至 7.6 mm；雄体细小，长至 7 mm。背刺弱，眼大。雌性第 1 胸足基节前缘膨大，座节和长节在中部侧后和后缘具多数刺。第 2 胸足座节与长节与第 1 胸足的相似，腕节中部和侧面具少数刺，后缘光滑。尾扇长为第 3 尾肢柄部的 1/3。营浮游生活。

　　分布于黄海、东海和南海。

等足目 ISOPODA　鳃虱科 Bopyridae

① 壮丽玉蟹鳃虱 *Apocepon pulcher*

雌性体圆，宽至 4.8 mm。身体分节明显，扭转约 11°。头前缘二裂，后缘平截，无眼点，具触角。胸肢基本一致，每一胸足的底节上具 1 条缝合线，只有第 7 胸足腕节呈梯形，其余胸足均呈方形，从 1～7 胸足逐渐变大。体末节（腹尾节）具宽的单枝型尾肢。雄体狭长，宽至 0.8 mm。身体分节明显，不扭转。头近圆形，无眼点。胸肢基本一致。体末节（腹尾节）倒 "V" 形，无尾肢。主要寄生于豆形拳蟹之鳃部。

分布于渤海、黄海和东海。

② 卵圆扁蝼蛄虾鳃虱 *Gyge ovalis*

雌性体略呈方形，身体分节明显，略扭转。无眼点，触角退化。胸肢基本一致。体末节（腹尾节）具细小片状的单枝型尾肢。雄体狭长，身体分节明显，不扭转。头近圆形，有眼点。胸肢基本一致。体末节嵌入倒数第 2 节内，无尾肢。主要寄生于大蝼蛄虾、伍氏奥蝼蛄虾之鳃部。

分布于渤海、黄海和东海。

团水虱科 Sphaeromatidae

③ 瓦氏团水虱 *Sphaeroma walker*

体长至 11 mm，卵圆形，常滚卷成球形。头部额角突起，眼黑色，稍大。第 4—7 胸节各具 1 排突起，腹部及腹尾节满布突起。尾肢内外两肢均超过腹尾节末端，外肢外缘具锯齿。钻蛀于死珊瑚及红树根中。

分布于南海。

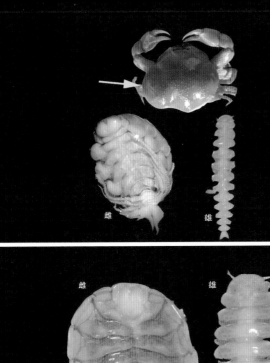

雌　雄

雌　雄

浪飘水虱科 Cirolanidae

① 企氏外浪漂水虱 *Excirolana chiltoni*

体长至 5 mm，纺锤形，体表光滑。头部额角突起，眼黑色，稍大。第 2—7 胸节底节板明显。第 1 腹节大部分被第 7 胸节覆盖，第 5 腹节缘不被第 4 腹节覆盖。第 1—3 胸肢短，第 4—7 胸肢长。腹尾节三角形，表明中部具 1 波状隆脊将腹尾节分为 2 部。尾肢内外肢长均超过尾节末端，外肢宽，略长于外肢。栖息于泥沙质底浅海，有时在潮线附近活动。

分布于渤海和黄海沿岸。

② 日本游泳水虱 *Natatolana japonensis*

体长至 20 mm，纺锤形，体表光滑。头部额角稍突起，眼黑色，较大。第 1 胸节最长，第 2—6 节约等长，第 7 节较短。第 1—5 胸节后侧角稍突出，第 6—7 胸节后侧角锐长，第 7 胸节后侧角延伸至第 3 腹节。第 1—3 胸肢为捕握肢，第 4—5 胸肢为步行足。各腹节约等长。腹尾节三角形，表面光滑。尾肢内肢宽约等于外肢 2 倍。栖息于软泥或泥沙质底浅海。

分布于渤海、东海和南海沿岸。

盖鳃水虱科 Idoteidae

③ 宽尾节鞭水虱 *Synidotea laticauda*

体长至 25 mm，纺锤形。头部前缘后陷，后缘弧形，中央隆起。眼黑色，较大。胸部第 2—4 节中央具 "V" 形浅沟。腹部各节背板隆起，侧板扁平，尾部 2 节背部愈合，末端宽，凹陷。第 1 触角柄 5 节，触鞭 1 节；第 2 触角柄 5 节，触鞭 17 节。胸肢 7 对，第 1 对较小，后 6 对大小略同，各肢腹缘具毛（雄性具垫状密毛）及长刺，末端具长爪。尾肢向腹面折叠覆盖腹肢。栖息于泥质底浅水。

分布于长江口。

雄　　　　　　雌

全颚水虱科 Holognathidae

① 平尾拟棒鞭水虱 *Cleantioides planicauda*

体长至13 mm，体宽约为体长的1/6。圆筒形，两侧平行。头部近四角形，头前线中央为一凹刻，两侧缘突出。复眼三角形。第2触角短，鞭部仅1节。胸部7节，各节大小相似。第1胸肢粗壮，第3胸肢最长，第4胸肢特别小。腹部长度约为体长的1/3。前面4个腹节较短。尾节长，后缘圆钝。尾肢向腹面折叠覆盖腹肢。栖息于泥沙质底浅海，有时在潮线附近活动。

分布于黄海和东海。

海蟑螂科 Ligiidae

② 海蟑螂 *Ligia exotica*

体呈长椭圆形，长至28 mm，体宽至10 mm。棕褐色，体背中轴色淡。头部近半圆形，头后缘略向前凹。复眼较大，黑色，斜向生于头部的外侧缘。第1触角小，分3节；第2触角发达，长鞭状。尾节后缘钝三角形。尾肢长，内肢长于外肢。于礁石、码头、堤坝等硬底质上爬行。

我国沿海广分布。

涟虫目 CUMACEA　尖额涟虫科 Leuconidae

③ 多齿和涟虫 *Nippoleucon hinumensis*

体长至6.5 mm。假额角发达，伸向前方，水管开口于体前。头胸甲背缘具多个小齿，胸部5节。尾肢柄长约为最末腹节的1.5倍，内肢稍短于外肢，分2节。潜伏于泥或泥沙质底潮间带。

分布于黄海和东海。

十足目 DECAPODA 对虾科 Penaeidae

1 凡纳滨对虾 *Litopenaeus vannamei*

别名：南美白对虾，基围虾

体长至 100 mm。甲壳较薄，全身不具斑纹。额角尖端不超出第 1 触角柄的第 2 节，上缘 8～9 齿，下缘 1～2 齿；额角侧脊短，伸于胃上刺处或稍超出之，无额胃脊，肝脊显著。前足常呈白色。尾节具中央沟。栖息于泥沙质底浅海，见于张网渔获中。

原产南美洲，引入我国养殖后逸生，黄海、东海和南海均有分布。

2 日本囊对虾 *Marsupenaeus japonicas*

别名：花虾，竹节虾，斑竹虾

体长至 160 mm。体表具鲜艳的横斑纹，头胸甲及腹部各节暗棕色、浅土黄色、橙色环带相间，侧甲带淡蓝色。额角稍向下倾，末端尖细微向上弯，与第 1 触角柄末端相齐或稍短，上缘基部 4/5 具 8～9 齿，下缘具 1～2 齿；额角侧脊几达头胸甲后缘，具额胃脊。第 1 步足和第 2 步足仅具基节刺，5 对步足均具外肢。尾节背面具深纵沟，末端尖，两侧有 3 对细小活动刺。栖息于泥沙质底浅海，见于张网渔获中。食用价值高。

分布于黄海、东海和南海。

3 斑节对虾 *Penaeus monodon*

别名：草虾，花虾

最大个体可达 350 mm，为对虾类个体最大的一种。甲壳稍厚，体色由暗绿色、深棕色和浅黄色横斑相间排列，构成腹部鲜艳斑纹。额角尖端伸至第 1 触角柄末端，上缘 7～8 齿，下缘 2～3 齿；额角侧脊不超过头胸甲中部，无额胃脊，肝脊较粗而钝。第 5 步足无外肢。尾节末端尖，无侧缘刺。栖息于泥沙质底浅海，见于张网渔获中。食用价值高。

分布于黄海、东海和南海。

1 哈氏仿对虾 *Parapenaeopsis hardwickii*

体长至 95 mm。甲壳较厚而坚硬，仅表面深陷的沟处有较长的软毛。额角呈弧形，比头胸甲稍长，超过第 1 触角柄及第 2 触角鳞片，其基部上缘微隆起，中部向下弯曲，前端尖细向上升，上缘仅后半部具 8 齿，下缘无齿。头胸甲具纵缝，约伸至头胸甲中部附近。5 对步足均具外肢。尾节背面中央具深沟，近末端处具 3 对短小的侧刺。栖息于泥沙质底浅海，常见于张网渔获中。食用价值高。

分布于黄海南部、东海和南海。

2 细巧仿对虾 *Parapenaeopsis tenella*

体长至 60 mm。体形纤细，甲壳薄而光滑。体表淡粉红色或稍带淡黄色，腹部有许多小蓝黑点。额角短，上缘微凸，末端尖锐，伸至第 1 触角柄第 2 节中部，长度约为头胸甲长的 1/2（雄性）或 2/3（雌性），全长皆具齿，齿数 6 ~ 8 个，下缘无齿。头胸甲具纵缝，向后延伸，约伸至头胸甲长的 2/3。第 1，2 对步足各具 1 基节刺，步足全具外肢。尾节侧缘无刺。栖息于泥沙质底浅海，混于其他虾类渔获中。

分布于黄海、东海和南海。

3 鹰爪虾 *Trachysalambria curvirostris*

体长至 95 mm。甲壳稍厚，表面较粗糙。额角发达，雌性稍超出第 1 触角柄第 3 节之末，雄性伸至第 1 触角柄第 3 节基部；额角末端尖锐，稍向上弯，特别是雌性显著上弯；上缘具 8 ~ 10 齿（包括胃上刺）。头胸甲具纵缝，很短。第 1，2 对步足具基节刺，第 1 步足座节刺小。尾节背面中央具纵沟，尾节亚末端两侧有 3 对较小的活动刺。栖息于泥沙质底浅海，常见于张网渔获中，是干制海米的原料。

中国沿海广分布。

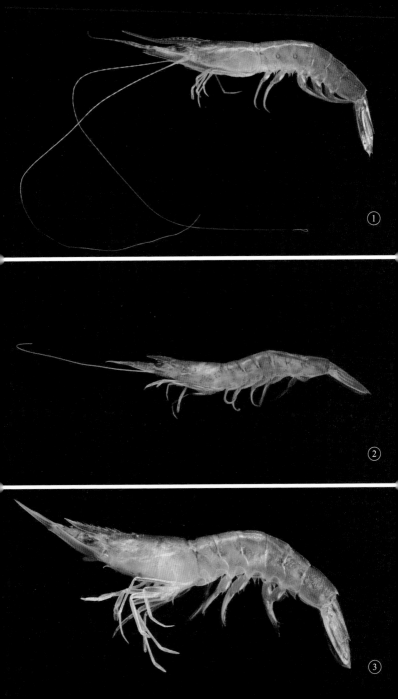

① 中华管鞭虾 *Solenocera crassicornis*

体长至 82 mm。甲壳薄而软。额角短而平直，伸至第 1 触角柄第 1 节末端，上缘具 8 ~ 11 齿，其中 3 ~ 4 齿位于头胸甲上，下缘无齿。第 1 触角鞭薄宽而长，其长度超过头胸甲的 1.5 倍，上鞭较狭而稍长于下鞭，下鞭扁宽，均向内侧纵曲，而上下两鞭合成为半纵管，从此左右相接而成一管状。头胸甲上颈沟达头胸甲背部，肝沟和心鳃沟显著。尾节具中央沟，末端尖，无侧刺。栖息于泥沙质底浅海，常见于张网渔获中，是干制海米的原料。

分布于东海和南海。

莹虾科 Luciferidae

② 间型莹虾 *Lucifer intermedius*

体长至 12 mm。体极侧扁，甲壳薄而软，透明。眼较短，末端不超过第 1 触角柄第 1 节。第 6 腹节前腹突起短小，尖细，不靠近后腹突起；后腹突起较细长，末端钝。尾节雄性腹面隆起，雌性无隆起。尾肢外肢外缘末端具较发达的刺。营浮游生活。

分布于东海和南海北部沿海。

樱虾科 Sergestidae

③ 中国毛虾 *Acetes chinensis*

体长至 45 mm。体形小，侧扁，甲壳薄而软，透明。额角极短小，侧面略呈三角形，上缘具 2 齿，第 1 齿比第 2 齿大。头胸甲具眼后刺及肝刺。腹部以第 6 节为最长，仅比头胸甲稍短。尾节很短，末端圆而无刺，后侧缘及末端具羽状毛。尾肢的基肢上有 1 个红色圆点，内肢基部外侧有 1 列红色小点，数目 2 ~ 8 个不等，少数 10 余个。营浮游生活，尤喜海湾和河口水域，常见于张网渔获中，是干制虾皮的原料。

我国特有，沿海广分布。

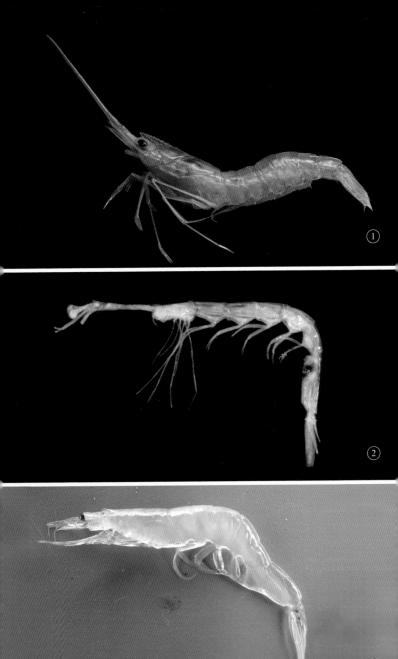

玻璃虾科 Pasiphaeidae

❶ 细螯虾 *Leptochela gracilis*

体长至 35 mm。甲壳厚而光滑，透明，上面散有红色斑点，腹部各节后缘的红色较浓。额角短小呈刺状，超过眼之末端，上下缘无齿。头胸甲上无刺，第 5 腹节末端突出成刺。步足均具外肢，以第 5 步足的为最短小。栖息于泥或泥沙质底的浅海，常见混于定置张网的渔获中。

分布于黄海、渤海、东海和南海。

长眼虾科 Ogyrididae

❷ 东方长眼虾 *Ogyrides orientalis*

体长至 15 mm。头胸甲表面有许多小凹点及短毛。额角短小，末端稍圆，上下缘均无齿。头胸甲背面中央前半部具纵脊，其前部具 3 ~ 5 个活动小刺。腹部圆滑，第 5, 6 腹节间较弯曲，第 6 腹节背面前缘隆起。尾节较宽。眼小，眼柄长，基部较粗，末端较细，超过第 1 触角柄的末端。各步足上均具许多毛。潜伏于泥或泥沙质底的浅海，常见混于定置张网的渔获中。

我国沿海广分布。

鼓虾科 Alpheidae

❸ 短脊鼓虾 *Alpheus brevicristatus*

体长至 65 mm。额角短，后脊短，至眼柄基部。尾节较宽，背面中央有宽而明显的纵沟。第 1 步足的大螯强大，宽短，长约为宽的 3 倍，指长为掌部的 2/3，掌部外缘近可动指处有 1 条横沟。小螯较细长，长度为宽的 4 ~ 4.5 倍，指节约为掌部长度的 3 倍。常在潮线附近的泥沙中潜伏。

我国沿海广分布。

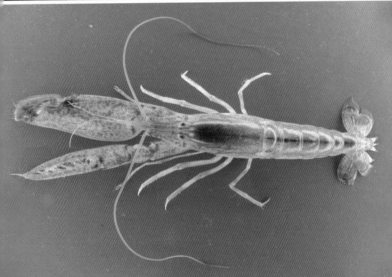

1 **鲜明鼓虾** *Alpheus distinguendus*

体长至 60 mm。额角短，后脊长，伸至头胸甲中部附近。尾节较宽，背面中央有窄而明显的纵沟，其两侧各有 1 对可动刺。第 1 步足的大螯强大，宽短，长约为宽的 3 倍，指长为掌部的 2/3，掌部外缘光滑，无缺刻。小螯粗短，长度为宽的 3 ~ 3.5 倍，指节约为掌部长度的 2 倍。多穴居于潮线以下的泥沙中。

分布于渤海、黄海和东海。

2 **刺螯鼓虾** *Alpheus hoplocheles*

别名：短腿虾

体长至 40 mm。额角短，后脊短，明显，两侧的沟较深。尾节较宽，背面中央有窄而明显的纵沟，其两侧有 2 对较大的可动刺。第 1 步足的大螯粗短而厚，长约为宽的 2 倍，指长为掌部的 3/4，掌部的内、外缘在可动指基部后方各有一极深的缺刻。小螯粗短，长度为宽的 3 ~ 4 倍，指节与掌部长度相等。常在潮线附近的沙中或碎石下潜伏。

我国沿海广分布。

3 **日本鼓虾** *Alpheus japonicus*

别名：强盗虾

体长至 40 mm。额角稍长而尖细，几达第 1 触角柄第 1 节的末端；额角后脊不明显。尾节背面圆滑无纵沟，具 2 对可动刺，尾节后缘呈弧形，后侧角各具两可动小刺。大螯细长，其长为宽的 3 ~ 4 倍，掌为指长的 2 倍左右，掌部的内、外缘在可动指基部后方各有一极深的缺刻。小螯特别细长，长为宽的 10 倍。穴居于泥沙质底浅海，常见混于定置张网的渔获中。

我国沿海广分布。

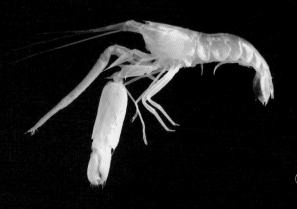

藻虾科 Hippolytidea

1 匙额安乐虾 *Eualus spathulirostris*

体长至 12 mm。体表具红色斑。额角宽短，匙状，下缘具一凹陷，后半部和头胸甲前部着生 1 个由 9 ~ 12 小齿组成的脊。尾节末缘具 3 对刺。栖息于泥或沙质底浅海，混于其他虾类渔获中，产量较小。

分布于黄海和东海。

2 疣背深额虾 *Latreutes planirostris*

体长至 25 mm。体色常随环境改变，棕红与白黑相间。额角箭头状，雌性甚宽而短，稍短于头胸甲，雄性甚长而窄，长度为头胸甲的 1.5 倍；额角上缘 7 ~ 15 齿，下缘 6 ~ 11 齿。胃上刺极大，其尖端向下弯曲。栖息于泥或沙质底浅海，混于其他虾类渔获中，产量较小。

分布于渤海和黄海。

3 红条鞭腕虾 *Lysmata vittata*

体长至 40 mm。全体具有粗细相间的红色斑纹，颜色鲜艳。额角短，长度不超过头胸甲的 2/3，末半微向下斜，上缘 7 ~ 8 齿，下缘 3 ~ 5 齿。第 2 步足特殊细长，腕节完全超过额角末端，长节由 9 ~ 11 节构成，腕节由 19 ~ 22 节构成，形如鞭状。栖息于泥沙质底浅海，混于其他虾类渔获中，产量较小。

我国沿海广分布。

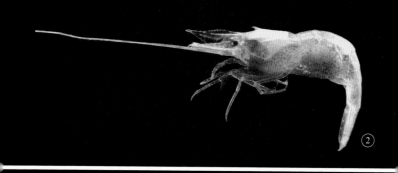

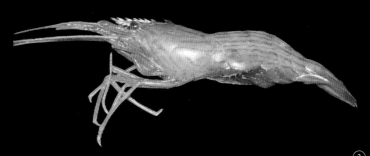

长臂虾科 Palaemonidae

1 脊尾白虾 *Exopalaemon carinicauda*

别名：白虾，青虾

体长至 90 mm。甲壳薄，体色透明。额角基部具鸡冠状隆起。头胸甲具鳃甲刺，无肝刺。腹部背面中央具有明显之纵脊。死后体呈白色，煮熟后除头尾稍呈红色外，其余部分呈白色，故得名。栖息于泥沙质底浅海及河口附近，常见于张网渔获中，产量较大。

我国特有，分布于黄海、东海和南海。

2 葛氏长臂虾 *Palaemon gravieri*

别名：红虾，桃花虾，花虾

体长至 60 mm。体透明，微带淡黄色，具棕红色斑纹。额角长度等于或稍大于头胸甲，上缘基部平直，无鸡冠状隆起，末端 1/3 极细，明显向上扬起。头胸甲具鳃甲刺，无肝刺。末 3 对步足甚细长，掌节后缘无明显的活动刺。第 5 步足指节明显短于腕节。栖息于泥沙质底浅海，河口附近亦有，常见于张网渔获中，产量较大。

分布于渤海、黄海和东海。

3 锯齿长臂虾 *Palaemon serrifer*

体长至 40 mm。体透明，具棕色细纹。额角长度等于或稍短于头胸甲，上缘基部平直，无鸡冠状隆起，末端平直，不向上扬起。头胸甲具鳃甲刺，无肝刺。末 3 对步足较粗，掌节后缘具明显的活动刺。第 3 步足指节长度约为掌节的 1/3。栖息于泥沙质底浅海，常在低潮线附近浅水中的石隙间隐藏，退潮时易找到。

我国沿海广分布。

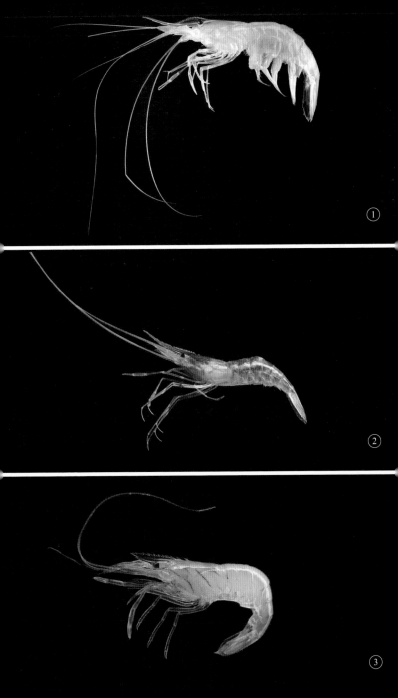

① **日本沼虾** *Macrobrachium nipponense*

别名：草虾

体长至 80 mm。体形粗短，头胸甲较粗大，具肝刺，无鳃甲刺。额角短于头胸甲，上缘平直，无鸡冠状隆起。雄性第 2 对步足两指的切缘具齿突。本种为淡水种，但也进入河口低盐度区，常见于定置张网的渔获中。

国内沿海河口区分布。

褐虾科 Crangonidae

② **日本褐虾** *Crangon hakodatei*

体长 70 mm。体褐色，具棕黑色小点。体表粗糙不平，具有短毛。额角短，末端与眼相齐。第 3—6 腹节背面中央具纵脊，尾节背面中央具纵沟。第 1 步足亚螯状。栖息于泥沙质底浅海，喜潜入沙中，常见于张网渔获中，产量较大。

分布于黄海和东海。

蝉虾科 Scyllaridae

③ **毛缘扇虾** *Ibacus ciliatus*

别名：琵琶虾

体长至 155 mm。极为扁平，头胸甲裸露。头胸甲前侧角后的窄颈缺刻前缘到侧缘有一定距离，后侧缘具齿 10 ~ 12 个，一般 11 个。第 2—5 腹节中央脊隆起低，第 5 腹节后缘具 1 个明显中央刺。栖息于泥沙质底浅海，潜伏于底质中，见于拖网渔获中。

分布于东海和南海。

④ **东方扁虾** *Thenus orientalis*

体长 205 mm。极为扁平，表面具绒毛且颗粒状突起。头胸甲侧缘只具颈缺刻，除前侧齿和后鳃齿外侧缘无齿。第 5 腹节后缘具强大的中央刺。栖息于泥沙质底浅海，潜伏于底质中，见于拖网渔获中。

分布于东海和南海。

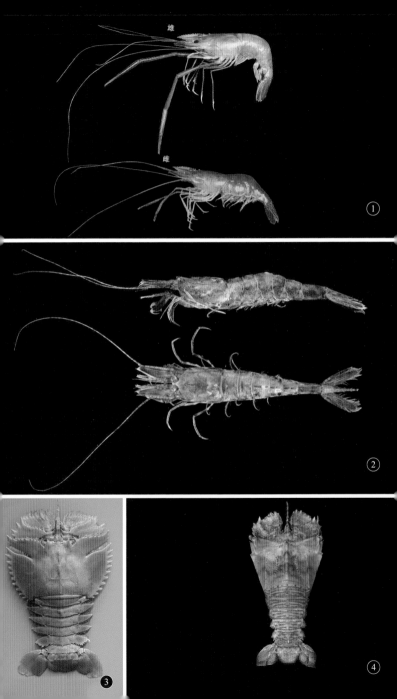

雄

雌

①

②

③

④

阿蛄虾科 Axiidae

① 哈氏巴尔虾 *Balssaxius habereri*

体长 61 mm。额角三角形，末端尖。边缘具 4 齿，具眼上齿。头胸甲侧缘无齿，胃区隆起，中脊具 4～8 齿，亚中脊具 10 余齿，侧脊无齿。第 1 步足螯状，不对称，具密毛。尾节长方形，末端平，无刺；侧缘具 4 齿，背面中部具 1 对齿，两侧各具 3 齿。尾肢外肢短于尾节，前侧具 5 小齿，横缝上具 10 小齿；内肢与外肢等长，无横缝。穴居于软泥或泥沙质底浅海，混于其他虾类渔获中，产量较小。

分布于黄海、东海西部。

美人虾科 Callianassidae

② 日本和美虾 *Nihonotrypaea japonica*

体长至 70 mm。身体甲壳很薄，无色透明。头部圆形，稍侧扁，腹部扁平，尾节方圆形。额角不显著，仅在眼的基部成一宽三角形突起。在头胸甲背后部有明显的颈沟。在头胸甲的两侧自前方的触角区向后至头胸甲后缘各有 1 条纵缝，称腮甲缝。雄性一螯甚大。穴居于泥沙质底潮间带。

我国沿海广分布。

泥虾科 Laomediidae

③ 泥虾 *Laomedia astacina*

体长至 52 mm。额角略成三角形，边缘锯齿状，具密毛，末端钝，具 2 齿。头胸甲背面的颈沟很浅，两侧有平行的鳃线，自头胸甲前缘伸至末缘。第 1 对步足左右近对称，螯状，一侧稍大。腹部第 2—5 节侧甲板发达，多毛。尾节宽短，舌状。尾肢内外肢宽，皆具横缝。穴居于泥或泥沙质底潮间带。

我国沿海广分布。

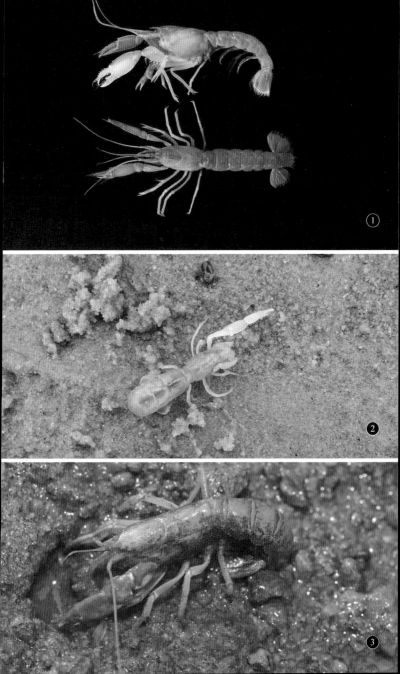

蝼蛄虾科 Upogebiidae

1 大蝼蛄虾 *Upogebia major*

体长至 100 mm。头胸甲前端向前伸出 3 叶突起，中叶较大，呈三角形，为额角，其背面中央具纵沟，沟周围有丛毛和小突起。额角下缘无刺。头胸甲前侧缘具 1 尖刺。第 1 步足亚螯状，左右对称；第 2—4 步足都不呈螯状。第 5 对末端具很小的亚螯。尾肢宽大，不具横缝。穴居于泥或泥沙质底潮间带。

分布于渤海和黄海。

2 伍氏奥蝼蛄虾 *Austinogebia wuhsienweni*

体长至 70 mm。头胸甲前端向前伸出 3 叶突起，中叶较大，呈三角形，为额角，较宽短，下缘有小刺 2 ~ 4 个。侧叶上缘具小齿 6 ~ 9 个，下缘有小齿 2 ~ 3 个。头胸甲侧缘自眼基部向下具尖刺 4 ~ 5 个。第 1 步足亚螯状，左右对称；第 2—4 步足都不呈螯状，第 5 对末端具很小的亚螯。尾肢宽大，不具横缝，内肢前侧缘具一瘤状突起。穴居于泥或泥沙质底潮间带。

我国沿海广分布。

异尾下目 ANOMURA　眉足蟹科 Belpharipodidae

3 解放眉足蟹 *Blepharipoda liberate*

头胸甲长至 27 mm，宽至 20 mm。表面光滑，具小凹陷及颗粒。额角三角形，两侧各具 1 个三角形突起。前缘具 4 齿。第 1 步足亚螯状，第 2—4 步足指节镰刀状，第 5 步足细小，折于头胸甲后侧缘。底埋于沙质底浅海。

分布于黄海。

铠甲虾科 Galatheidae

4 珊瑚铠甲虾 *Galathea coralliophilus*

头胸甲长至 4 mm，长宽近相等。虾形，腹部部分反折于胸部下方。背面多横脊，其上具刺毛。额角呈三角形，两侧各具 4 尖齿。眼大。螯足细长，多小刺及刚毛。栖息于潮间带至浅海的岩礁或珊瑚礁中。

分布于南海。

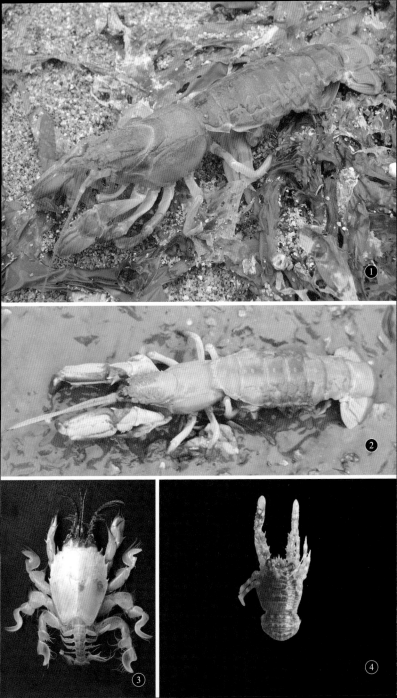

瓷蟹科 Porcellanidae

① 花瓣厚螯瓷蟹 *Pachycheles johnsoni*

头胸甲长至 5.3 mm，卵圆形。长宽近相等，表面具细横纹。额窄，三角形。眼窝外角尖锐。螯足近等大，长节背面呈花瓣状突起，两指之间略有空隙。前 3 对步足具长刚毛，指节下缘具 3 棘；末对步足细小，折于头胸甲后侧缘。栖息于潮间带至浅海的珊瑚礁中。

分布于南海。

② 刺足厚螯瓷蟹 *Pachycheles spinipes*

头胸甲长至 3 mm，卵圆形。宽大于长，表面多具鳞状横脊。额宽，前缘伸出。眼窝外角尖锐。螯足近等大，背面多齿状突起，两指之间无空隙。前 3 对步足少具刚毛，长节上缘多褶皱，腕节、掌节指节上缘多锯齿；末对步足细小，折于头胸甲后侧缘。栖息于潮间带至浅海的珊瑚礁中。

分布于南海。

③ 日本岩瓷蟹 *Petrolisthes japonicas*

头胸甲长至 10 mm，卵圆形。长大于宽，表面具细横纹。额窄，三角形。无眼窝外角。螯足近等大，背面具横纹，两指之间无空隙。前 3 对步足光滑，指节后缘具 3 棘；末对步足细小，折于头胸甲后侧缘。栖息于潮间带岩石缝中。

分布于黄海、东海和南海。

寄居蟹科 Paguridae

④ 海绵寄居蟹 *Pagurus pectinatus*

楯部长至 15 mm。体表具稀疏毛丛。额角三角形，略高于侧突。眼柄较短，短于楯部。右螯较左螯大，两螯长节至指节均具棘。步足多刺，指节稍长于掌节。栖息于硬质底浅海，常与海绵共栖。

分布于渤海、黄海和东海。

① **小形寄居蟹** *Pagurus minutus*

楯部长至 7.4 mm。体表光滑，少刚毛。额角三角形，略高于侧突。眼柄略长，短于楯部。右螯较左螯大，两螯长节内面中部均具一大颗粒状突起。步足指节细长，显著长于掌节。栖息于泥或泥沙质底潮间带至浅海。

分布于黄海和东海。

活额寄居蟹科 Diogenidae

② **斑点真寄居蟹** *Dardanus megistos*

楯部长至 40 mm。体表散布具黑边的圆白斑，刚毛暗红色。额角退化，侧突发达，顶端具刺。眼柄细长，短于楯部。左螯较右螯大。步足指节长于掌节。栖息于泥、沙或岩石质底潮间带至浅海。

分布于南海。

③ **下齿细螯寄居蟹** *Clibanarius infraspinatus*

楯部长至 18.6 mm。体表具颗粒状突起，具微小刚毛。额角锐三角形，侧突短小。眼柄细长，等于或略长于楯部。两螯近等大，左螯长节内面中缘具一大突起。步足指节长于掌节，长节至掌节外面为黄白色中线贯穿。栖息于沙或泥沙质底潮间带至浅海。

分布于东海和南海。

④ **兰绿细螯寄居蟹** *Clibanarius virescens*

楯部长至 8.6 mm。体表具稀疏颗粒状突起，具微小刚毛。额角锐三角形，侧突短小。眼柄细长，等于或略长于楯部。两螯近等大，稍长，左螯腕节背缘末端具 3 刺。步足指节短于掌节，中部常具深色环带。栖息于沙或泥沙质底潮间带至浅海。

分布于东海和南海。

短尾下目 BRACHYURA 绵蟹科 Dromiidae

① 干练平壳蟹 *Conchoecetes artificiosus*

头胸甲长至 28.9 mm，宽至 30.1 mm。体扁平，近五角形，宽度略大于长度。头胸甲及步足表面除指节外均覆以短绒毛。雄性螯足强壮。第 3 对步足较短，指节呈钩爪状。栖息于 30 ～ 100 m 深的泥沙质底，常用末 2 对步足执握海绵或贝壳置于背部以掩护自己。常见混于拖网渔获中。

分布于东海和南海。

蛙蟹科 Raninidae

② 窄额琵琶蟹 *Lyreidus stenops*

头胸甲长至 38 mm，宽至 21 mm。头胸甲呈长卵形，前半部明显较后半部为窄，表面隆起，具光泽，在放大镜下可窥见分布均匀的细凹点。额甚窄，呈锐三角形。螯足壮大，具颗粒，腕节背面末端具 1 锐刺，掌节扁平。第 2 对步足最长，第 4 对腹足最小，位于近背部。栖息于沙质浅海底。常见混于拖网渔获中。

分布于东海和南海。

馒头蟹科 Calappidae

③ 逍遥馒头蟹 *Calappa philargius*

头胸甲长至 58 mm，宽至 75 mm。头胸甲背部甚隆，表面具 5 条纵列的疣状突起，侧面具软毛。额窄，前缘凹陷，分 2 齿。螯足不对称，左大右小，长节外侧末缘突出，腕节外侧面具 1 个红斑点。步足细长而光滑。栖息于沙质或泥沙质底的浅海。常见混于拖网渔获中。

分布于南海。

黎明蟹科 Matutidae

① 红线黎明蟹 *Matuta planipes*

头胸甲长至 31 mm，宽至 41 mm，近圆形。表面有 6 个不明显的疣状突起，密布由紫红点所形成成的网目图案，侧缘具 1 刺。螯足强壮，掌节的外侧面的基部具颗粒，并有 1 枚强壮的锐刺。步足桨状。除第 3 对步足长节的后缘具锯齿外，其余长节的前后缘均具硬毛。栖息于沙质潮间带至浅海。

我国沿海广分布。

② 胜利黎明蟹 *Matuta victor*

头胸甲长至 45 mm，宽至 70 mm，近圆形。中部有 6 个不明显的疣状突起，表面密布紫红色小点，侧缘具 1 刺。螯足强壮，掌节的外侧面具锐刺 3 枚，居中的 1 枚最大。步足桨状。除第 3 对步足长节的后缘具锯齿外，其余长节的前后缘均具硬毛。栖息于沙质潮间带至浅海。

分布于东海和南海。

盔蟹科 Corystidae

③ 显著琼娜蟹 *Jonas distincta*

头胸甲长至 38.5 mm，宽至 26 mm，呈纵椭圆形。前半部较后半部为宽，表面分区明显，有细沟相隔，各有成堆的颗粒和绒毛。额窄而突出，末端分 2 叉。螯短，密覆短毛，具颗粒及锐刺，两指内缘具钝齿。步足各节前、后缘具长绒毛，指节披针形。栖息于水深 30～90 m 处的沙质或泥沙质底。常见混于拖网渔获中。

分布于南海。

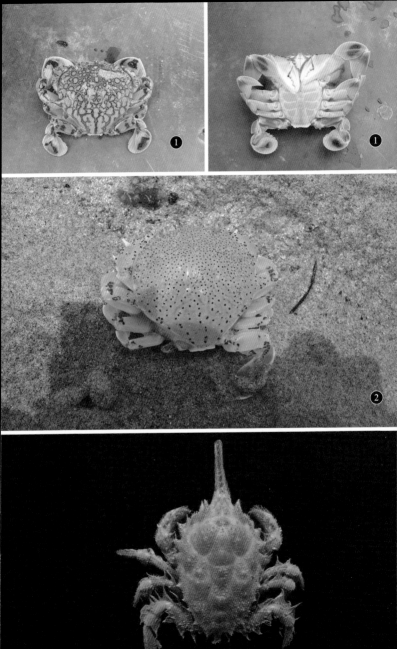

关公蟹科 Dorippidae

① 日本平家蟹 *Heikeopsis japonicas*

头胸甲长至 11.8 mm，宽至 12.6 mm。表面光滑，各区及沟均明显，肝、额区及头胸甲后缘均具软毛。额短，前缘内凹。外眼窝齿低于额齿，内眼窝齿宽钝，以三角形缺凹与额部分开，外眼窝齿大，向前突出。雄性螯足不对称，雌性螯足较小。第 2 对步足长节较粗短，长为宽的 4.5 倍。后 2 对步足很短，第 4 对指节呈钩状。栖息于水深为 50 ~ 130 m 泥质底，常用末 2 对步足握住贝壳、木片等物置于背上掩护自己。常见混于拖网渔获中。

我国沿海广分布。

团扇蟹科 Oziidae

② 平额石扇蟹 *Epixanthus frontalis*

头胸甲长至 18 mm，宽至 31 mm，横椭圆形。背面扁平，沿额缘及前侧线的表面具微细颗粒，其他部分光滑。额的宽度与头胸甲宽度略相等，中部有 1 浅凹而分为 2 叶。眼窝小，外眼窝角与前侧缘之间有 1 浅缺刻。前侧缘薄而锐，分为 4 叶。螯足不对称，各节均光滑，只有两指的末端可以并拢。步足细长，扁平而光滑。栖息于低潮线的沙或卵石质底。

分布于南海。

宽背蟹科 Euryplacidae

③ 隆线强蟹 *Eucrate crenata*

头胸甲长至 25 mm，宽至 31.2 mm，近圆方形。前半部较后半部稍宽，表面隆起，光滑，具红色小斑点，又有细小颗粒，在前侧部较中部为明显。额分为明显的 2 叶。眼窝大，外眼窝齿为钝三角形。螯足光滑，不甚对称，右螯大于左螯，掌节有斑点，两指间的空隙大。步足较光滑。栖息于水深为 30 ~ 100 m 的泥沙质底，亦隐匿在低潮线的石块下。

我国沿海广分布。

玉蟹科 Leucosiidae

① 七刺栗壳蟹 *Arcania heptacantha*

头胸甲长至 25 mm，宽至 24.8 mm。长度与宽度略相等，呈斜方形，表面密布细小颗粒，分区不明显。额部略突出，分 2 钝叶。前侧缘与后缘相接处具 1 长大锐刺，略向上弯，后侧缘及后缘共具 5 刺，除后缘中刺较大外，其余 4 刺大小相近。螯足的长度约为体长的 2 倍。步足细长，长节有微细颗粒，其余各节均光滑，指节边缘具细刚毛。栖息于水深为 50 ~ 150 m 的泥、沙质底上。常见混于拖网渔获中。

分布于东海和南海。

② 豆形拳蟹 *Philyra pisum*

头胸甲长至 22.7 mm，宽至 21.7 mm。表面隆起呈半球形，具颗粒。额窄而短，前缘平直。螯足粗壮，雄比雌大，长节呈圆柱形，背面基部及前、后缘均密布颗粒，两指内缘具细齿。步足近圆柱形，光滑，指节扁平，中间有一纵行隆线。栖息于潮间带泥滩。

我国沿海广分布。

卧蜘蛛蟹科 Epialtidae

③ 单角蟹 *Menaethius Monoceros*

头胸甲长至 26.8 mm（包括额角），宽至 16.9 mm。呈长三角形，表面扁平。雄性额部向前伸出呈角刺形，雌性则较短，表面密具卷曲的刚毛。雄性螯足壮大。栖息于低潮线的水草间或岩石旁。

分布于南海。

④ 丝状长崎蟹 *Phalangipus filiformis*

头胸甲长至 26 mm，宽至 23 mm。近圆形，表面的刺尖锐。前侧缘具 3 刺，后侧缘具 1 ~ 3 刺。螯足纤细光滑，掌节长约为可动指长的 2.4 倍。步足细长。栖息于沙质底浅海底。常见混于拖网渔获中。

分布于东海和南海。

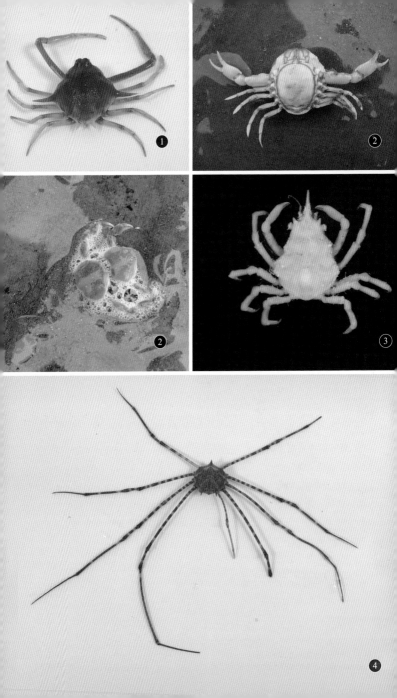

1 **四齿矶蟹** *Pugettia quadridens*

头胸甲长至 30 mm，宽至 24 mm。头胸甲表面密布短绒毛，额齿发达，具"V"形。肝区的边缘向前各伸出 1 齿。螯足对称。步足第 1 对最长，向后渐短。栖息于潮间带石缝中或碎贝壳、泥沙质底浅海。甲壳表面常附有海藻。

我国沿海广分布。

虎头蟹科 Orithyidae

2 **中华虎头蟹** *Orithyia sinica*

头胸甲长至 66.5 mm，宽至 62.6 mm。背面隆起，具颗粒，鳃区各有 1 个呈深紫色的乳斑。额具 3 个锐齿，居中者较大。眼窝凹陷，外眼窝齿长。前侧缘具 2 个疣状突起及 1 壮刺，后侧缘具 2 壮刺。螯足不对称，长节背缘近末端具 1 刺，外腹线中部具 1 刺，末端具 1 钝齿，腕节背缘具 2 刺，中部靠内侧具 1 较大的锐刺，掌节背缘具 3 刺，两指内缘均具钝齿。第 1 对步足长节的前、后缘具颗粒，第 2、3 对步足的长节后缘均有绒毛。栖息于浅海泥沙质底，偶见于潮间带。常见混于拖网渔获中。

我国沿海广分布。

菱蟹科 Parthenopidae

3 **强壮武装紧握蟹** *Enoplolambrus valida*

头胸甲长至 57.2 mm，宽至 77.3 mm，菱形。胃、心区与鳃区隆起，两者之间有深沟相隔。额基部较宽，表面中央低洼，末部突出呈锐三角形。螯足长大，雄比雌更为显著，掌节末部稍宽，两指末部黑色。步足扁平，长节的前、后缘及腕、掌节的前缘均具锯齿。栖息于泥沙质底浅海。常见混于拖网渔获中。

我国沿海广分布。

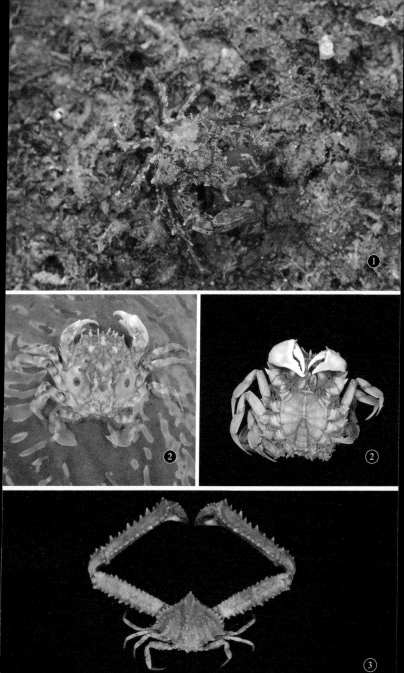

毛刺蟹科 Pilumnida

1 蝙蝠毛刺蟹 Pilumnus vespertilio

头胸甲长至 26 mm，宽至 31 mm。背面前半部隆起，后半部较平坦。全身密具黑褐色长短不等的刚毛，较长的刚毛饰在头胸甲的边缘及步足的表面。螯足不对称，各节具长刚毛。步足扁平，指节尖端为角质爪。栖息于潮间带至浅海的石块下，石缝或珊瑚礁中。

分布于南海。

梭子蟹科 Portunidae

2 细点圆趾蟹 Ovalipes punctatus

头胸甲长至 60 mm，宽至 72 mm，卵圆形。相对较窄，表面隆起，多紫褐色斑点。额具 4 齿，尖突，中间的 1 对较两边的细窄。前侧缘 5 齿，各齿内缘内凹。螯足强大，长节的内侧面及背面的末缘均具颗粒，且有短毛。步足宽，末 3 节扁平，第 4 对步足的掌节、指节扁平而大，指节呈长卵圆形板状，以适于游泳。栖息于沙质、泥沙质或碎贝壳质底浅海。常见于拖网渔获中。

分布于黄海南部和东海。

3 三疣梭子蟹 Portunus trituberculatus

头胸甲长至 79 mm，宽至 145 mm，梭形。相对较宽，稍隆起，表面散有细小颗粒。额具 2 锐齿，前侧缘连外眼窝齿在内共有 9 齿。螯足壮大长于所有步足，长节后末缘具 1 刺。末对步足扁平，适于游泳。栖息于 10～30 m 的泥沙质底，常隐伏于沙下或海底物体旁。常见于拖网渔获中。食用价值高。

我国沿海广分布。

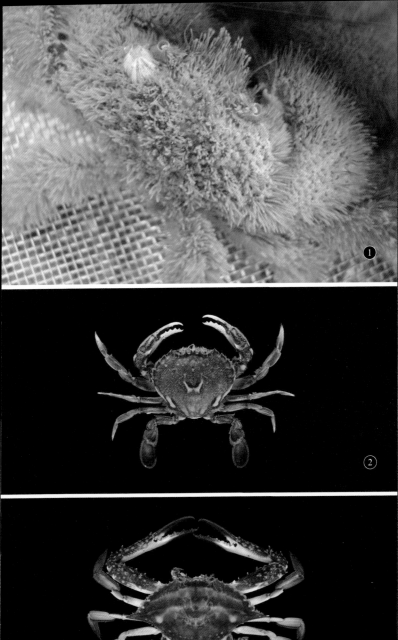

❶ 红星梭子蟹 *Portunus sanguinolentus*

头胸甲长至 73 mm，宽至 150 mm，梭形。相对较宽，前部表面具颗粒，后部几乎光滑，前侧缘连外眼窝齿在内共有 9 齿；后半部具 3 块卵圆形的血红色斑块。螯足壮大长于所有步足，长节后末缘具 1 刺。末对步足扁平，适于游泳。栖息于 10 ~ 30 m 深的泥沙质底。常见于拖网渔获中。食用价值高。

分布于东海和南海。

❷ 远海梭子蟹 *Portunus pelagicus*

头胸甲长至 75 mm，宽至 150 mm，梭形。相对较宽，表面具粗糙的颗粒，颗粒之间具软毛。前侧缘连外眼窝齿在内共有 9 齿，整个表面具花白的云纹。螯足壮大长于所有步足，长节后末缘具 1 刺。末对步足扁平，适于游泳。栖息于 10 ~ 30 m 深的泥质或沙质底。常见于拖网渔获中。食用价值高。

分布于东海和南海。

❸ 环纹蟳 *Charybdis annulata*

头胸甲长至 47 mm，宽至 68 mm，横卵圆形。表面隆起，头胸甲的后缘与后侧缘连接处呈弧形钝曲。第 2 触角鞭位于眼窝外。额稍凸，有 6 锐齿。前侧缘拱起，具有 6 齿，第 1,2 齿较小，第 3—6 齿的大小依次递减。螯足掌节隆起，除腹面外，表面覆有网状花纹，背面具 5 刺。末对步足扁平，适于游泳。生活于低潮线附近的岩滩处，退潮后常停留在堆有石块的积水坑中。

分布于东海和南海。

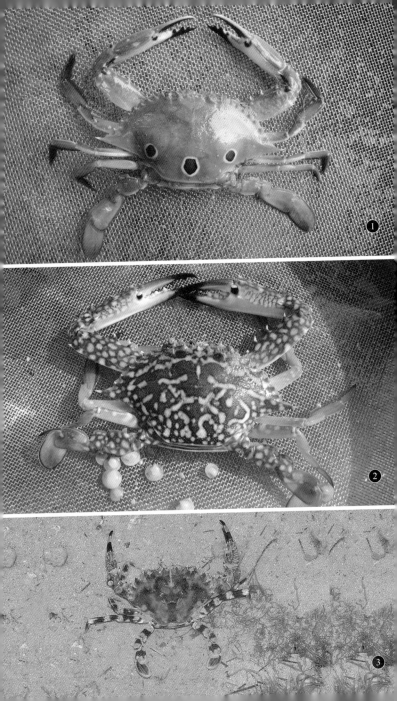

1 日本蟳 *Charybdis japonica*

头胸甲长至 65 mm，宽至 94 mm，横卵圆形。表面隆起。头胸甲的后缘与后侧缘连接处呈弧形。第 2 触角鞭位于眼窝外。额稍凸，具 6 锐齿。前侧缘拱起，具 6 齿，尖突，各齿外缘明显拱曲并长于内缘，第 1 前侧齿多少成截形。螯足掌节上具 5 刺。末对步足扁平，适于游泳。栖息于低潮线附近，栖居于有水草或泥沙的水底或潜伏石下。食用价值高。

我国沿海广分布。

2 晶莹蟳 *Charybdis lucifera*

头胸甲长至 61 mm，宽至 95 mm，横卵圆形。光裸无毛，但有细微颗粒，具横行隆线，鳃区各具 2 斑点。头胸甲的后缘与后侧缘连接处呈弧形钝曲。第 2 触角鞭位于眼窝外。额稍凸，具 6 齿，居中的 4 齿略等大。前侧缘拱起，具 6 齿，自第 1—5 齿逐渐增大，末齿最小，呈刺状。螯足掌节隆起，背面具 5 短刺。末对步足扁平，适于游泳。栖息于泥沙质底浅海。常见混于拖网渔获中。

分布于南海。

3 拟穴青蟹 *Scylla paramamosain*

头胸甲长至 90.2 mm，宽至 130.2 mm，横卵圆形。背面隆起，光滑，分区模糊，呈青绿色。前额具 4 个突出的三角形齿。前侧缘具 9 齿。螯足光滑，腕节外侧面具不明显的 1 齿，内末角具 1 壮刺，指节肿胀而光滑，背面具 2 条内小鳞形颗粒构成的隆脊，其末端各具 1 刺。末对游泳足的长节长约等于宽的 1.5 倍。栖息于近岸或河口附近，穴居于泥滩。食用价值高。

分布于东海和南海。

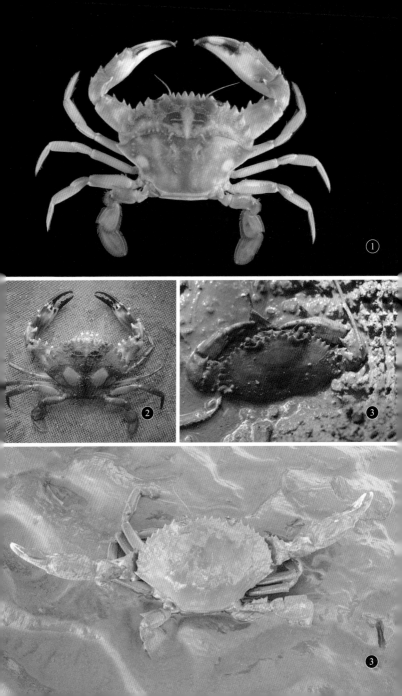

❶ 钝齿短桨蟹 *Thalamita crenata*

头胸甲长至 46 mm，宽至 68 mm，横卵圆形。表面隆起，光滑。额 – 眼窝宽度稍小于头胸甲宽度。具 6 叶（间或有 4 叶的）中央 1 对方形。前侧缘具 5 齿，第 1 齿最大，内侧略内凹，末齿最小，居中 3 齿约等大。螯足粗壮，不对称。掌节粗壮，除外侧面上部与内侧面后基部具颗粒外，表面光滑，背面具 5 齿，外侧面具 2 条低平的隆脊。步足光滑、粗壮，末对步足扁平，适于游泳，长节后缘近末端处具 1 刺，掌节后缘光滑。栖息于珊瑚礁或低潮线附近的岩礁中。

分布于东海和南海。

梯形蟹科 Trapeziidae

❷ 红斑梯形蟹 *Trapezia rufopunctata*

头胸甲长至 17.4 mm，宽至 20.2 mm。平滑，具光泽。头胸甲、螯、步足均具艳丽的大红斑。额突出，分成明显 4 叶。头胸甲侧缘中部具 1 锐刺，两螯不对称，掌节背缘圆纯，外侧面光滑，腹缘具颗粒或钝锯齿。步足腕节背缘及掌指节具刚毛。栖息于珊瑚礁中。

分布于南海。

扇蟹科 Xanthidae

❸ 光滑绿蟹 *Chlorodiella laevissima*

头胸甲长至 3.2 mm，宽至 5.1 mm，六角形。稍隆起，表面完全光滑，不具任何分区的痕迹。额缘较平直，中部具 1 极浅的缺刻把额分成 2 宽叶。前侧缘除外眼窝角外具 4 齿。螯足不对称，两指末端匙状。步足纤细，长节前缘具锯齿，指节长，后缘具锐齿列及长刚毛列。栖息于珊瑚礁中。

分布于南海。

1 红斑斗蟹 *Liagore rubromaculata*

头胸甲长至 27.5 mm，宽至 37 mm，横卵形。全身具对称分布的红色圆斑，表面平滑而隆起，具微细凹点，分区不甚明显。前侧缘光滑无齿，额宽，中间被 1 个细缝分为 2 叶。螯足对称、光滑，长节边缘具短毛，背缘具数钝齿，腕节外末角及内末角钝而突出，掌节与指节约等长，两指内缘均具不规则的钝齿。步足瘦长，呈圆柱状，平滑有光泽，指节尖锐，均具短毛。栖息于水深 15 ~ 30 m 的岩石岸边及珊瑚礁中。常见混于拖网渔获中。

分布于南海。

2 正直爱洁蟹 *Atergatis integerrimus*

别名：猪腰蟹

头胸甲长至 61 mm，宽至 100 mm，横卵圆形。全身为暗红色具黄色凹点。额稍突，前缘中部缺刻分为 2 叶。前侧缘弧形，隆脊状，具 3 个不甚明显的浅缝分为 4 叶，后侧缘较短，稍内凹。螯足对称，掌节背缘隆脊形，外侧面有网形皱纹。步足扁平，各节背、腹缘均锋锐，掌节后缘的末端各具 1 束短毛。栖息于水深 10 ~ 30 m 具岩石的海底上。常见混于拖网渔获中。

分布于南海。

方蟹科 Grapsidae

3 白纹方蟹 *Grapsus albolineatus*

头胸甲长至 34 mm，宽至 46 mm，圆方形。分区可辨，具斜行及横行的皱褶。额向下弯，边缘具微细锯齿，额后隆脊分 4 叶，各叶表面具鳞片状突起。侧缘拱起，外眼窝角尖锐，其后具 1 小锐齿。螯足对称，较为短小，掌节外侧面有 2 条横行隆线，指端呈匙状。步足扁平，背面具横行细皱襞，指节前后缘各具 2 列锐刺。栖息于高潮线的岩石旁或珊瑚礁上。

分布于南海。

1 **四齿大额蟹** *Metopograpsus quadridentatus*

头胸甲长至 21 mm，宽至 27 mm。近方形，表面较平滑。前侧缘在外眼窝后具 1 齿。额宽，前缘较平直，额后隆脊分 4 叶，各叶表面具横行皱纹。螯足不等大，长节内腹缘突出呈叶状，具锯齿，腕节背面具皱襞，内末角具 2 小齿，掌节背面具斜行皱襞及颗粒。步足扁平，长节前后缘近末部具小齿。生活在低潮线的岩石缝中或石块下。

分布于黄海、东海和南海。

2 **方形大额蟹** *Metopograpsus thukubar*

头胸甲长至 23 mm，宽至 27 mm。近方形，表面较平滑。前侧缘无齿。额宽，前缘较平直，额后隆脊分 4 叶。螯足稍不等大，长节内腹缘突出呈叶状，具锯齿，腕节背面具短皱襞，内末角具 2～3 小齿，掌节背面具颗粒。步足扁平，长节前后缘近末部具小齿。生活在低潮线的岩石缝中或石块下。

分布于南海。

斜纹蟹科 Plagusiidae

3 **裸掌盾牌蟹** *Percnon planissimum*

头胸甲长至 26 mm，宽至 23 mm。扁平，背面密布短毛，隆起部分光滑无毛。额窄，分 4 齿，中间 2 齿向前下方突出。内眼窝角具 3 齿，背眼窝缘具小齿，腹眼窝缘具细微锯齿，腹内眼窝角钝齿状。前侧缘连外眼窝角在内共具 4 齿。螯足细长，两指末端具匙状，内具短毛。步足细长。生活在潮间带岩石滩石下或珊瑚礁间的缝隙中。

分布于南海。

4 **鳞突斜纹蟹** *Plagusia squamosal*

头胸甲长至 31 mm，宽至 34 mm。分区明显，背面密具鳞片状及圆形颗粒突起，沿着这些突起的前缘密具短毛。额宽，中央被 1 条纵沟分为 2 叶。前侧缘连外眼窝齿在内共具 4 齿，依次渐小。螯足的长度约为头胸甲的长度，长节的背缘及内腹缘均具绒毛，外侧面有鳞片状皱纹。第 1 步足的底节具齿状突起 1 枚，第 2—4 步足底节背面各具齿状突起 2 枚。栖息于潮间带的岩石间及珊瑚礁中。

分布于南海。

相手蟹科 Sesarminae

1 **隐秘东方相手蟹** *Orisarma neglectum*

头胸甲长至 32 mm，宽至 37 mm，近方形。背部平坦，表面光滑无毛。额向下垂直弯曲，背侧有锋利的额后脊。前侧缘光滑无齿，侧壁有细网纹。螯足掌节背面无梳状栉，可动指背面有微细颗粒。步足多毛。穴居于沿岸泥滩，多分布于河口区，亦可沿河上溯至淡水河岸。善攀爬芦苇及树木。

我国沿海广分布。

2 **中华东方相手蟹** *Orisarma sinensis*

头胸甲长至 26 mm，宽至 30 mm，近方形。背部平坦，表面光滑无毛。额向下垂直弯曲，背侧有锋利的额后脊。前侧缘连外眼窝齿在内共分 2 齿。螯足掌节壮大，外侧面及腹面均有一些扁平的颗粒，内侧面有 1 纵列 8～9 个颗粒状突起，雌性不甚突出。步足多具长刚毛。穴居于沿岸泥滩，多分布于河口区，亦可沿河上溯至淡水河岸。善攀爬芦苇及树木。

分布于黄海、东海和南海北部。

3 **斑点拟相手蟹** *Parasesarma pictum*

头胸甲长至 19 mm，宽至 21.5 mm，近方形。背部平坦，表面低平，布有短横颗粒隆线。额向下垂直弯曲，背侧有锋利的额后脊。前侧缘连外眼窝齿在内共 2 齿。螯足掌节厚而短，内、外侧面均具颗粒，背面具 1～2 列梳状栉和数条斜行颗粒隆线，雄螯可动指背面具 1 列约 13～20 个卵圆形突起，雌螯仅 10 个颗粒状突起。步足细长。栖息于沿岸低潮区石块下或其附近，或河口附近。

分布于黄海、东海和南海。

1 双齿拟相手蟹 *Parasesarma bidens*

头胸甲长至 25 mm，宽至 28.5 mm，近方形。背部平坦，表面具隆线及短刚毛。额向下垂直弯曲，背侧有锋利的额后脊。前侧缘连外眼窝齿在内共分 2 齿，侧壁有细网纹。螯足掌节外侧面具颗粒及皱襞，表面有 2 条斜行的梳齿状隆脊。步足的长节背面具数条横行细隆线，最末 3 节均密具短硬刚毛。生活于近河口的泥滩上，能到离水较远处活动。

分布于东海及南海。

弓蟹科 Varunidae

2 隆背张口蟹 *Chasmagnathus convexus*

头胸甲长至 30.5 mm，宽至 40.2 mm，长方形。表面自前向后隆起，覆以短绒毛，具沟。额区中部低洼，自此形成 1 纵沟向后延伸，将额分成半圆形 2 叶，前侧缘共具 3 个宽三角形齿。螯足对称，长节呈棱柱形，前缘末部呈弧形突出，并具 1 发音隆脊。掌节很高，背缘基部具显著的颗粒，腹面及内侧面均具细颗粒。栖息于河口附近的沼泽地区，能沿河上溯达 2 km 之远。

分布于东海和南海。

3 中型圆方蟹 *Cyclograpsus intermedius*

头胸甲长至 24 mm，宽至 28 mm，圆方形。表面扁平光滑，额后区具 1 浅纵沟向后延伸。额稍弯向下方，前缘近于平直。两性螯足壮大。步足细长，光滑。栖息于高潮线附近的石块下或卵石间。

分布于黄海、东海和南海。

4 伍氏拟厚蟹 *Helicana wuana*

头胸甲长至 18 mm，宽至 23 mm，四方形。雄性眼窝下隆脊具 10～12 粒突起，均延长而相互连接，最内侧的 1 颗较长而具纵纹，最外侧的 2～3 颗较小。雌性具 13～15 个近长圆形突起。额向下倾斜弯曲，侧无锋利的额后脊。穴居于泥滩或泥岸上。

分布于黄海和东海。

1 天津厚蟹 *Helice tientsinensis*

头胸甲长至 25 mm，宽至 30.5 mm，四方形。眼窝下隆脊具数十个突起。雄性隆脊中部膨大，雌性隆脊中部不膨大。前侧缘具 4 齿，前 3 齿明显，第 4 齿仅呈痕迹状。额向下倾斜弯曲，无锋利的额后脊。螯足光滑无毛，步足有稀疏绒毛或无。穴居于泥滩或泥岸上。

我国沿海广分布。

2 长足长方蟹 *Metaplax longipes*

头胸甲长 13 mm，宽 17 mm，呈横长方形，两侧缘平行。眼柄较长，约为额缘的宽度。下眼缘共 11 ~ 15 个突起，内侧为 1 大叶 4 小叶，外侧为 6 ~ 11 球状突起。螯足不甚粗大，短于头胸甲的 2 倍（雄性较大、雌性较小）。步足细长，第 2, 3 对步足的腕节及掌节密具短绒毛；第 1, 4 对步足较为短小，腕、掌节仅具少量绒毛。穴居于泥滩或泥岸上。

分布于东海和南海。

3 平背蜞 *Gaetice depressus*

头胸甲长至 18.3 mm，宽至 22.3 mm，近方形。表面光滑，扁平。额缘线中部有较宽的凹陷，两侧的凹陷较浅。前侧缘包括外眼窝齿在内共分 3 齿，各齿边缘均具颗粒。螯足对称，但有时也不对称，雄比雌大，长节短，近内腹缘的末部具 1 发音隆脊。栖息于低潮线的石块下。

分布于黄海、东海和南海。

4 中华绒螯蟹 *Eriochieir sinensis*

头胸甲长至 60 mm，宽至 66 mm，圆方形。额宽，分 4 齿。眼窝上缘近中部处突出，呈三角形。前侧缘具 4 锐齿，最后者最小。螯足掌部内、外面均有绒毛，幼体时绒毛不显著。步足以最后 3 对较为扁平，腕节与掌节的背缘各具刚毛，第 4 步足掌节与指节基部的背缘与腹缘皆密具刚毛。常穴居于江、河、湖荡泥岸，昼匿夜出，喜食动物尸体。秋季洄游到近海河口产卵交配，翌年春季幼体溯江、河而上，在淡水中继续生长。

我国沿海广分布，亦可分布于通海的水域中。

① 绒螯近方蟹 *Hemigrapsus penicillatus*

头胸甲长至 30.6 mm，宽至 34.5 mm，方形。表面具细凹点，前半部具颗粒。胃、心区之间具 "H" 形沟。额较宽，前缘中部凹。下眼窝隆脊的内侧部具 6 ~ 7 枚颗粒，外侧部具 3 枚钝齿状的突起。前侧缘包括外眼窝在内共分 3 齿。螯足雄性比雌性大，长节的腹缘近末部处具 1 发音隆脊，掌节内、外面近两指的基部具 1 丛绒毛，雌性及雄性幼体均无。栖息于海边岩石下或岩石缝中，有时在河口泥滩上。

我国沿海广分布。

② 肉球近方蟹 *Hemigrapsus sanguineus*

头胸甲长至 31.5 mm，宽至 36.5 mm，方形。前半部稍隆，表面有颗粒及血红色的斑点，后半部较平坦。胃、心区以 "H" 形沟相隔。额宽，前缘平直，中部稍凹。腹眼窝隆脊细长，内侧部具 5 ~ 6 枚较粗颗粒。前侧缘具 3 锐齿，末齿最小。螯足雄性比雌性大，长节的内侧面近腹缘的末部具 1 发音隆脊，掌节内、外面隆起，雄性两指间的空隙较雌性大，基部之间具 1 球形膜泡，雌螯无，幼体亦不明显。步足指节侧扁。栖息于低潮线的岩石下或石缝中。

我国沿海广分布。

③ 狭颈新绒螯蟹 *Neoeriocheir leptognathus*

头胸甲长至 20 mm，宽至 22 mm，圆方形。额窄，前缘分成不明显的 4 齿，居中的 2 齿间的缺刻较浅。背眼窝缘凹入，腹眼窝缘下的隆脊具颗粒，延伸至外眼窝齿的腹面。前侧缘包括外眼窝齿在内共 3 齿。螯足掌部仅内面有毛。步足细长，各对步足前、后缘均具长刚毛。栖息于积有海水的泥坑中，或在河口的泥滩上及近海河口地带。

我国沿海广分布。

雄性螯

猴面蟹科 Camptandriidae

1 **隆线背脊蟹** *Deiratonotus cristatum*

头胸甲长至 12 mm，宽至 18 mm，宽四方形且扁平。表面具有明显的横行隆线，边缘具绒毛及细小颗粒。额宽，约为头胸甲宽的 1/2。雄螯足大于雌螯足。步足长节背面近前缘均具弧形隆线，并具绒毛及刚毛。穴居于河口泥滩和临海泥池。

分布于渤海、黄海和东海。

毛带蟹科 Dotillidae

2 **谭氏泥蟹** *Ilyoplax deschampsi*

头胸甲长至 7.4 mm，宽至 11.5 mm，方形。表面分布着短的、具短刚毛的横行隆线。外眼窝角后有 1 齿。螯足、步足长节内侧具鼓膜。雄螯足较雌螯足大。有时头胸甲、眼柄及各步足长节呈红色。穴居于河口泥滩。

分布于渤海、黄海和东海。

3 **圆球股窗蟹** *Scopimera globosa*

头胸甲长至 8.5 mm，宽至 11.3 mm。背部隆起，呈球形。除心、肠区光滑外，其他部分则具分散的颗粒，鳃区的颗粒较密集。眼窝大，外眼窝角三角形。螯足长节内外侧面各具 1 长卵圆形鼓膜。第 1，2 步足的长度约相等，第 3，4 节步足渐短，长节背腹面均具长卵圆形鼓膜。穴居于潮间带沙滩。

我国沿海广分布。

4 **角眼切腹蟹** *Tmethypocoelis ceratophora*

头胸甲长至 4 mm，宽至 7.6 mm。背面稍隆，分区明显，具细软毛。额窄，仅为头胸甲前缘宽度的 1/5。眼柄长，末端又伸出 1 角质柄（雌性无），尖端具数短毛。外眼窝角呈窄三角形，眼窝腹缘具细锯齿。螯足壮大，长节内侧面具 1 卵圆形鼓膜。步足细长，各节均有稀疏的短毛，长节背、腹面各有 1 长卵形的鼓膜。多群居于河口附近咸淡水的泥沙滩上或红树林的沼泽中。

分布于南海。

大眼蟹科 Macrophthalmidae

① 短身大眼蟹 *Macrophthalmus abbreviatus*

头胸甲长至 17 mm，宽至 40 mm。极横宽，宽可达长的 2 倍以上。口前板中部突出。眼柄长。螯足两指间有空隙，雄螯掌部外侧面具粗大颗粒。雌性螯足较小。穴居于近海潮间带或河口处的泥沙滩上。

我国沿海广分布。

② 万岁大眼蟹 *Macrophthalmus banzai*

与日本大眼蟹相似，但体形略小，头胸甲长宽比略小，雄性大螯掌部上缘突起略小。在野外可通过雄性挥舞大螯的姿势不同进行区分，本种两螯展开，高度远超头胸甲高度；后者两螯相对，高度略高于头胸甲高度。穴居于近海潮间带或河口处的泥沙滩上。

我国沿海广分布。

③ 日本大眼蟹 *Macrophthalmus japonicus*

头胸甲长至 23 mm，宽至 35 mm。横宽，宽可达长的 1.5 倍左右。口前板中部具有明显的凹陷。眼柄长。雄性螯足大，两指间几无空隙，可动指基具 1 大齿。雌性螯足小。穴居于近海潮间带或河口处的泥沙滩上。

我国沿海广分布。

和尚蟹科 Mictyridae

④ 短指和尚蟹 *Mictyris brevidactylus*

头胸甲长至 17.8 mm，宽至 15.9 mm，圆球形。表面甚隆，光滑。额甚窄，并向下弯，额角近五边形。无眼窝。螯足对称，长节下缘具 3 ~ 4 刺，指节末端尖锐。步足基部常具红色环带。栖息于河口泥或泥沙滩上。

分布于南海。

沙蟹科 Ocypodidae

① 角眼沙蟹 *Ocypode ceratophthalmus*

头胸甲长至 35 mm，宽至 39 mm，方形。背面隆起，表面均匀地分布着粗糙颗粒。额窄，前缘稍隆。背眼窝缘向外侧倾斜，具细锯齿。外眼窝角略向外指。眼柄粗壮，末端伸出 1 较长的角状突起，此突起在雌体及幼体则短小或无。左右两侧缘近平行。两螯不对称，大螯掌节的内侧面有 1 条纵行发音隆脊。步足细长，唯第 4 对较短小。穴居于近高潮线的沙滩上。

分布于南海。

② 痕掌沙蟹 *Ocypode stimpsoni*

头胸甲长至 19.8 mm，宽至 23 mm，方形。表面甚隆，密布细颗粒。眼窝大而深，外眼窝角尖锐，指向外上方。侧缘在外眼窝齿后稍凹。后侧方具 1 斜行颗粒隆线。两性螯足均不对称，掌节内侧面具纵行发音隆脊。步足细长，以第 2 对为最长。穴居于近高潮线的沙滩上。

我国沿海广分布。

③ 弧边管招潮 *Tubuca arcuata*

头胸甲长至 22 mm，前缘宽至 35 mm，后缘宽 15 mm。后侧面具锋锐的隆脊。额窄，外眼窝齿向前突出。眼柄细长。雄性两螯大小悬殊，大螯掌部外侧面密具疣突，可动指长约为掌长的 1.3 倍；雌性螯小而对称，与雄螯的小螯相似。穴居于港湾中的沼泽泥滩上。雄性个体常以大螯竖立招引雌性或威吓其他海滨动物。

分布于黄海、东海和南海。

④ 丽彩拟瘦招潮 *Paraleptuca splendida*

头胸甲长至 13 mm，宽至 21 mm。额宽，向下方弯。外眼窝角斜指向外方，眼柄细长。雄性两螯大小悬殊，大螯掌部外侧面光滑，可动指长约为掌长的 1.3 倍；雌性螯小而对称，与雄性螯的小螯相似。穴居于红树林区和河口的泥滩上。

分布于东海和南海北部。

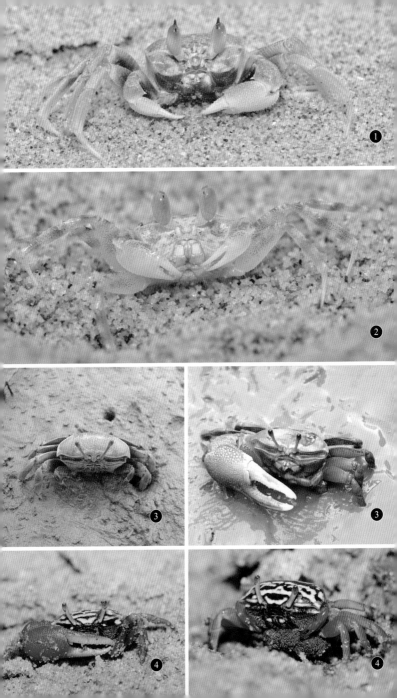

1 清白南招潮 *Austruca lacteal*

头胸甲长至 9.6 mm，前缘宽至 16.4 mm，后缘宽至 9.8 mm。额宽，额区有 1 短纵沟。外眼窝角指向前外方，眼柄细长。雄性两螯大小悬殊，大螯掌部外侧面光滑，可动指长约为掌长的 1.8 倍；雌性螯小而对称，与雄性螯的小螯相似。穴居于河口低潮线处的泥滩上。

分布于东海和南海北部。

豆蟹科 Pinnotheridae

2 中华蚶豆蟹 *Arcotheres sinensis*

甲壳薄，半透明。雌雄体形有差异。雌性头胸甲长至 11.6 mm，宽至 15 mm，扁圆形。额窄，向下弯曲。螯足粗短，步足细长，第 3 对步足最长且不对称，第 4 对步足的指节最长。雄性头胸甲长 5 mm，宽 5.6 mm，圆形；甲壳较雌性坚硬，额前突。与菲律宾蛤仔、牡蛎、贻贝等双壳类共栖。

我国沿海广分布。

六足亚门 HEXAPODA　昆虫纲 INSECTA

半翅目 HEMIPTERA　广翅蜡蝉科 Ricaniidae

3 斑点广翅蜡蝉 *Ricania guttata*

若虫体表具多束白色绵毛状蜡丝，放射状伸出。成虫体长至 7.2 mm，黑褐色，翅革质，前翅烟褐色，雄性个体颜色较深。雌性成虫前翅具 3 个透明斑，雄性成虫前翅外缘无长形透明斑。栖息于海桑、无瓣海桑、白骨壤、木榄、秋茄等红树植物上，在嫩茎、叶、芽上吸食汁液。

分布于东海南部及南海。

仁蚧科 Aclerdidae

① 芦苇和仁蚧 *Nipponaclerda biwakoensis*

别名：柴虱子，苇虱

长约 4.5 mm，宽约 2.3 mm。体形扁平，卵圆形、长椭圆形或纺锤形。孤雌胎生生殖，一年可以繁殖 3 ~ 6 代。雌性成虫直接产下雌性若虫，成虫和若虫都会聚集在芦苇叶鞘的茎干上吸食汁液，可导致芦苇生长衰弱引起其他病害。老熟雌虫呈红褐色，身体边缘会分泌白色蜡粉，以成虫形态越冬。它是震旦鸦雀的重要食物之一。

分布于长江口附近及以北的滨海芦苇盐沼中。

鞘翅目 COLEOPTERA 叶甲科 Chrysomelidae

② 芦苇水叶甲 *Donacia clavipes*

体长约 10 mm，宽约 3 mm。体色变异大，多数铜绿色，也有紫铜色、深蓝色、蓝绿色及古铜色。头部及小盾片颜色较深。触角及足棕黄色。腹面颜色同背面，有浓密的不透水的银色毛被。前胸背板刻点稀而细。幼虫底埋于芦苇及莎草科盐沼中，以根为食，有时密度很高。

分布于长江口附近及以北的有淡水注入的河口区。

鳞翅目 LEPIDOPTERA 枯叶蛾科 Lasiocampidae

③ 绿黄枯叶蛾 *Trabala vishnou*

幼虫体长至 37 mm，身体密布深黄色毛，头部具有不规则深褐色斑纹，两侧各有 1 较大的黑蓝色瘤突，上生 1 束黑色长毛。雌性成虫翅为黄绿色，上有断续波状横线和 1 对黄褐色大斑。雄性绿色或黄绿色，没有黄褐色大斑，只有 1 对黑褐色点。

分布于沿海地区红树林，主要取食海桑、无瓣海桑等植物，会聚集在叶片表面觅食。

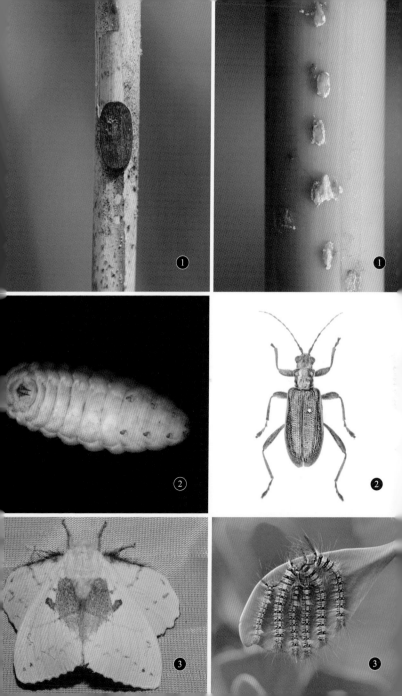

毒蛾科 Lymantridae

❶ 素毒蛾 *Laelia coenosa*

别名：黄毛虫

幼虫长至 30 mm。背线黑色，头部两侧有较长的黑色毛束。第1—4腹节背面各有一黄褐色短毛刷。以一龄幼虫在芦苇等植物的枯叶中越冬，可在寄主茎干上化蛹结茧。雄蛾前翅灰褐色，雌蛾前翅灰白色，后翅和腹部均为灰白色，前翅近外缘内排列有6个小黑点。栖息于芦苇及米草盐沼中，以盐沼植物叶片为食。

我国沿海分布。

苔藓动物门 BRYOZOA　裸唇纲 GYMNOLAEMATA

唇口目 CHEILOSTOMATIDA　膜孔苔虫科 Membraniporidae

❷ 大室别藻苔虫 *Biflustra grandicella*

群体被覆，直立，单层或双层，淡黄色或黄褐色。个虫长方形或四方形，五点形排列。墙缘隆起，内缘细锯齿状。无裸壁。前膜大，占个虫整个前区。隐壁周缘型，表面光滑或细颗粒状，内缘细锯齿状。膜下孔多为椭圆形。在基质上形成单层皮壳，或相邻个虫自被覆部分脱离基质，双层个虫背向排列向上直立生长形成木耳状或牡丹花状群体。

分布于黄海、东海和南海北部近岸。

❸ 疣突吉膜苔虫 *Jellyella tuberculata*

群体被覆，白色。个虫椭圆形，五点形排列。墙缘厚而隆起，表面光滑。始端裸壁小于个虫前区的1/5。前膜大，约占个虫前区的4/5。隐壁在末端和始端较发达。在个虫始端裸壁的两隅上各有1粗壮的疣状突起。常在基质上形成亚圆形或不规则形状的单层薄膜，或绕马尾藻等直立固着部分基部形成管状皮壳。

分布于浙江以南的近岸水域。

俭孔苔虫科 Phidoloporidae

① 俭孔苔虫 *Phidolopora* sp.

群体直立，相邻分枝接合成网状。自个虫仅在分枝一面（前面）开口，在两侧和末端有少数边缘孔。初生室口类卵圆形，末端和两侧弧形内缘念珠状，始端中央略呈窦形，两侧各有细弱的齿突。次生室口具窦或旋孔。有口刺。鸟头体分为前鸟头体、口下鸟头体和基鸟头体 3 种。

分布于黄海近岸。

血苔虫科 Watersiporidae

② 颈链血苔虫 *Watersipora subtorquata*

群体血红色、红褐色、黄褐色，有时呈黑褐色或黑色。幼小群体扇形、亚圆形，老成群体不规则皮壳状。个虫长方形或类六角形，五点形排列。前壁表面饰有许多周边隆起的密集小孔。室口端位，亚圆形，宽大于长，始端中央有一亚圆形小窦，窦末端两隅各具一三角形齿突。室口周边略隆起形成口围，在老成个虫口围末端低平，始端部分常隆起形成次生窦。口盖为长大于宽的亚圆形，始端中央有一半圆形舌状突出，为红褐色或黑褐色，有时为黑褐色，中央末端有一伞形区。通常被覆生长，或部分个虫背向排列脱离基质直立生长形呈不规则叶状、管状或花状结构。

我国沿海广分布。

腕足动物门 BRACHIOPODA 海豆芽纲 LINGULATA

海豆芽目 LINGULIDA 海豆芽科 Lingulidae

③ 鸭嘴海豆芽 *Lingula anatina*

由背壳和腹壳包闭的躯体部和细长的肉茎构成，外形似豆芽。壳扁长方形，主要由几丁质构成，较薄而略透明，带绿色，长至 35 mm，宽至 16 mm。表面光滑，同心生长线明显。壳周围外套膜边缘具有细密的刚毛。肉茎细长，圆筒状，半透明。触手在壳内发条状旋卷。穴居于泥沙质底潮间带至浅水。可食用。

分布于黄海、东海和南海。

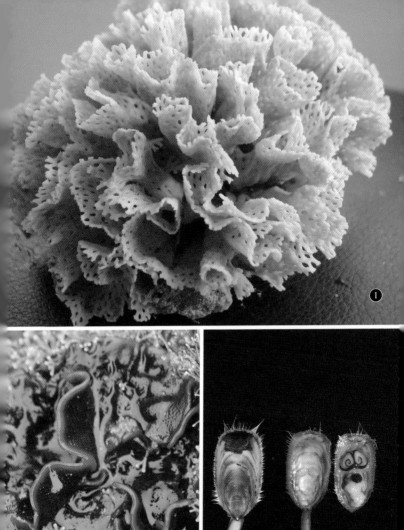

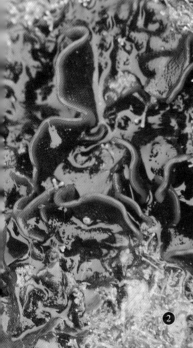

毛颚动物门 CHAETOGNATHA 箭虫纲 SAGITTOIDEA

无横肌目 APHRAGMOPHORA 箭虫科 Sagittidae

① 肥胖软箭虫 *Flaccisagitta enflata*

体长至 30 mm。体肥胖，头宽短。全体作梭形，头部有颚毛，为捕食器官，以躯干的前鳍部位最宽，向前、后渐缩小，颈部缢缩很明显。眼大，卵圆形。颚毛淡褐色。雄雌同体。成熟个体可见卵巢，储精囊位于尾鳍基部，离后鳍末端有一定距离。营浮游生活。

分布于黄海、东海和南海。

棘皮动物门 ECHINODERMATA 海百合纲 CRINOIDEA

栉羽枝目 COMATULIDA 栉羽枝科 Comasteridae

② 许氏大羽花 *Comanthina schlegelii*

腕数很多，长为 90 ~ 150 mm，80 ~ 200 条。第 3 腕板的内枝为 4 板，外枝仅有 2 板。固着于浅海岩礁之上。

分布于南海。

海星纲 ASTEROIDEA

瓣棘海星目 VALVATIDA 飞白枫海星科 Archasteridae

③ 飞白枫海星 *Archaster typicus*

盘中央有明显的肛门，辐径至 100 mm。腕数为 4 ~ 6 个，通常为 5 个。反口面密布比较整齐和规则的小柱体。上缘板宽，呈长方形，垂直于腕的侧面。下缘板的外端有 1 个钝、扁和向外伸出的大形侧棘。侧步带板有 3 个沟棘。管足 2 列，末端有发达的吸盘。雌雄异体，雌性大，雄性小。到了繁殖季节，雄性常伏在雌性的背上，把腕与雌性的腕交错着叠在一起。栖息于沙质底潮间带至浅海。

分布于南海。

① ② ③

瘤海星科 Oreasteridae

① 面包海星 Culcita novaeguineae

成体为圆五角形，辐径至 250 mm，背面膨胀像面包，体厚胖，腕短小。幼体时扁平，缘板明显。反口面骨板上密生颗粒体及稀疏的粗短棘。口面密生大小不同，排列无规则的、粗钝的疣状颗粒。沟棘 4 ~ 6 个一组，短钝、稍扁，排列为一纵行。沟棘外侧有 2 个较大的疣状棘。栖息于珊瑚礁中。

分布于南海。

② 中华五角海星 Anthenea chinensis

盘大，辐径至 120 mm，腕 5 个，短宽。反口面的体盘中央有大小不等的疣和小颗粒。上下缘板明显且对称，各板上有多数的球形颗粒，且外侧颗粒大而密集，内侧颗粒分布少。下缘板上有 1 ~ 6 个瓣状叉棘。口面间辐部散布着许多圆形颗粒和大量狭长的瓣状叉棘。栖息于带有碎贝壳和石块的泥沙质底潮间带至浅海。

分布于南海。

蛇海星科 Ophidiasteridae

③ 蓝指海星 Linckia laevigata

盘很小，辐径至 200 mm，腕 5 个，细长呈指状，常长短不等，外半段略膨大。反口面骨板为大小不等的圆形或椭圆形，排列无规则。骨板上密生圆形小颗粒。皮鳃区内的颗粒小，故较低而平滑。步带沟很小，侧步带棘为钝的膨大的大颗粒，大颗粒被许多小颗粒体包围。栖息于珊瑚礁中。

分布于南海。

长棘海星科 Acanthasteridae

④ 长棘海星 Acanthaster planci

盘大而平，辐径至 200 mm，腕数为 9 ~ 20 个。反口面各板上有一大棘，长度为 25 ~ 35 mm，腕外端的棘较长和粗壮，长为 45 ~ 50 mm。缘板不明显。沟棘 3 个一组，沟棘外侧有一组较短的棘。栖息于珊瑚礁中，以珊瑚虫为食，有"珊瑚杀手"之称。

分布于南海。

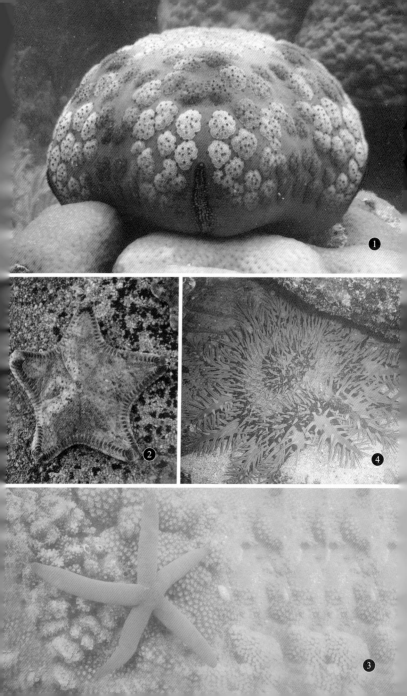

海燕科 Asterinidae

① 海燕 *Patiria pectinifera*

体呈星形，有时为五角形，盘大，辐径至 200 mm，腕短，末端钝。反口面隆起，缘板小不显著，边缘锐峭，口面平坦。反口面骨板有两种：初级板大而隆起，呈新月形，各板上有小棘 15 ～ 40 个；在初级板间夹有小而成组、圆形或椭圆形的次级板，各板上具颗粒状小棘 5 ～ 15 个。栖息于沙质、碎贝壳质或岩礁质底浅海。

分布于渤海和黄海。

角海星科 Goniasteridae

② 多孔单鳃海星 *Fromia milleporella*

个体小，身体稍扁平，盘小，辐径至 28 mm，腕 5 个中等长。所有骨板上都覆盖有小颗粒，皮鳃孔单个，分散于整个反口面。活体为朱红色，生活在珊瑚礁区域。栖息于珊瑚礁中。

分布于南海。

太阳海星科 Solasteridae

③ 太阳海星 *Solaster* sp.

盘大而圆，辐径至 90 mm，腕短尖，数目为 10 ～ 11 个。反口面小柱体大而稀疏，圆形或椭圆形，顶端平。管足 2 列，具吸盘。栖息于泥沙质底浅海，混于近海拖网渔获中。

分布于黄海。

有棘目 SPINULOSIDA　棘海星科 Echinasteridae

④ 吕宋棘海星 *Echinaster luzonicus*

体盘小，辐径至 85 mm，腕数 5 ～ 7 个，呈指状，长短不一致。身体有一层厚厚的皮肤覆盖。盘及腕上布满短棘。上下缘板都不明显。侧步带板上各有 3 个棘。常以分裂生殖增加种群数量，野外常见分裂后的个体。栖息于珊瑚礁中。

分布于南海。

钳棘目 FORCIPULATIDA 海盘车科 Asteriidae

① 多棘海盘车 *Asterias amurensis*

体扁，背面稍隆起。盘小，辐径至 150 mm，腕 5 个，基部宽，边缘很薄。背棘短小，分布不规则，各棘的末端稍宽扁，顶端带细锯齿。上缘板有较多的上缘棘，一般为 3 个，多的有 5～7 个，成簇地聚集在一起。栖息于沙或岩石质底潮间带至浅海。性腺可食用。

分布于渤海和黄海。

② 尖棘筛海盘车 *Coscinasterias acutispina*

盘小，辐径至 70 mm，腕 7～9 个，腕常有长短不齐的现象。腕背部中央有一列直立的棘。步带沟宽大。栖息于岩石质底潮间带至浅海。

分布于东海。

柱体目 PAXILLOSIDA 槭海星科 Astropectinidae

③ 单棘槭海星 *Astropecten monacanthus*

盘中等大，辐径至 60 mm，腕由基部到末端均匀变细。反口面的小柱体很密集。盘中央隆起呈圆锥状或内陷成一小凹。上缘板没有棘，下缘板生有稀疏、扁平似鳞片的小棘，仅外缘有一发达的矛形侧棘。栖息于沙或泥沙质底潮间带。

分布于南海。

砂海星科 Luidiidae

④ 砂海星 *Luidia quinaria*

体形较大，辐径至 140 mm，腕 5 个。反口面密生小柱体，小柱体中央小棘颗粒状。上缘板小柱体状。管足 2 列，无吸盘。栖息于沙、沙泥或沙砾质底的低潮线以下至浅海，常见于近海拖网渔获中。

分布于黄海、东海和南海。

蛇尾纲 OPHIUROIDEA

真蛇尾目 OPHIURIDA　阳遂足科 Amphiuridae

❶ 滩栖阳遂足 *Amphiura vadicola*

盘直径至 11 mm，腕长至 180 mm 或更长。盘间辐部凹进。背面覆以裸出的皮肤，皮肤内埋有圆形穿孔板骨片。辐盾狭长，外端相接，仅辐盾周围有数行椭圆形鳞片。穴居于泥沙质底潮间带至浅海，常见于近海拖网渔获中。

分布于黄海和东海。

辐蛇尾科 Ophiactidae

❷ 紫蛇尾 *Ophiopholis mirabilis*

盘形圆，直径至 16 mm，稍隆起。背面盖有大小不同的鳞片，盘中央和间辐部散布短钝小棘。辐盾大而发达，被 2～3 个大形鳞片所分隔。颚顶有 1 个宽钝的齿下口棘。这种蛇尾很容易识别，它的背腕板很特别，每个背腕板被 1 行附加小板所包围，并且两侧各有 1 个大的附属板。栖息于沙、沙泥或沙砾质底的低潮线以下至浅海，常见于近海拖网渔获中。

分布于黄海。

真蛇尾科 Ophiuridae

❸ 司氏盖蛇尾 *Stegophiura sladeni*

盘高而厚，直径至 15 mm，盖有覆瓦状排列的大鳞片。腕粗短，基部特别高，向末端急剧变细。腕栉都发达。腕基部的腹腕板中央脊明显，脊起连续，脊两侧的沟深而陡。栖息于沙泥质底浅海，常见于近海拖网渔获中。

分布于黄海和东海北部。

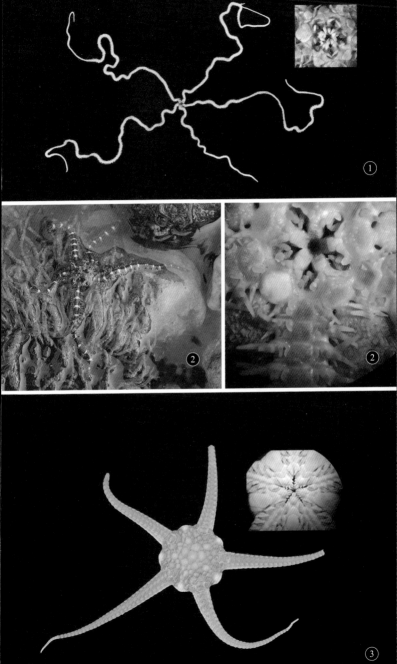

1 浅水萨氏真蛇尾 *Ophiura sarsii vadicola*

盘低而平，直径至 20 mm，盖有裸出的鳞片。腕栉发达，栉棘细长。背腕板扇形，腕基部者特别宽短，而且背中央脊起。栖息于沙泥质底浅海，常见于近海拖网渔获中。

分布于黄海和东海北部。

栉蛇尾科 Ophiocomidae

2 黑栉蛇尾 *Ophiocoma erinaceus*

盘直径至 25 mm，背面具大颗粒，腹面大部分裸出，口棘 4 个，相连成行，齿棘很多。腕棘通常 3 ~ 5 个，以背面第 1 棘最为强大，常成雪茄状。栖息于珊瑚礁中。

分布于南海。

海胆纲 ECHINOIDEA

冠海胆目 DIADEMATOIDA　冠海胆科 Diadematidae

3 刺冠海胆 *Diadema setosum*

别名：海针

壳为半球形，直径至 80 mm。反口面大棘为细长针状。生活时全体为黑色或暗紫色。有的个体在黑色大棘中夹着白色大棘。反口面似眼球的构造为肛乳突，开口处有一圈橙黄色的环。间步带的裸出区有明显的白色或蓝色斑点。栖息于珊瑚礁中，是一种著名的毒海胆。

分布于南海。

4 环刺棘海胆 *Echinothrix calamaris*

壳的轮廓略呈五角形，直径至 100 mm。反口面具粗细两种棘：粗的棘较长，末端截平；细的棘较短，呈针状。栖息于珊瑚礁中。

分布于南海。

拱齿目 CAMARODONTA 刻肋海胆科 Temnopleuridae

① 细雕刻肋海胆 *Temnopleurus toreumaticus*

壳中等大，直径至 50 mm，厚且坚固，低半球形或亚锥形。壳板缝合线上有大而明显的三角形凹痕。大疣明显具锯齿。肛门靠近中央。反口面的大棘短小，尖锐呈针状。栖息于泥沙质底潮间带至浅海。

我国沿海广分布。

毒棘海胆科 Toxopneustidae

② 喇叭毒棘海胆 *Toxopneustes pileolus*

个体大，壳直径至 120 mm，反口面的大棘较短小。球形叉棘有毒，其形状很特殊：圆三角形，整个叉棘呈小花状或喇叭状。栖息于岩礁质底浅海。

分布于南海。

③ 白棘三列海胆 *Tripneustes gratilla*

个体大，壳直径至 100 mm，高略呈五角形，沿着中线有 1 条狭窄的裸出带。反口面的大棘短而尖锐。管足吸附力强，常将海藻及其他碎片吸附在身上。栖息于沙质底浅海，常生活于海草场中。

分布于南海。

长海胆科 Echinometridae

④ 紫海胆 *Anthocidaris crassispina*

壳低，直径至 70 mm，为半球形，很坚固。赤道部的管足孔普通是 8 对排列成一斜弧。大棘强壮，末端尖锐，常常发育不规则，即一侧长，其他侧短。栖息于岩礁质底潮间带。可食用。

分布于东海和南海。

⑤ 梅氏长海胆 *Echinometra mathaei*

壳为椭圆形，直径至 60 mm。大棘的长度约等于壳长的 1/2，下部粗壮，上端尖锐。壳两侧的大棘比两端的略短小。多穴居于潮间带的珊瑚礁洞内。

分布于南海。

① **石笔海胆** *Heterocentrotus mamillatus*

壳坚厚，直径至 100 mm，椭圆形。大棘特别粗壮，长等于或大于壳的长径，下部为圆柱形，上端膨大为球棒或三棱形。多穴居于潮间带的珊瑚礁洞内。大棘艳丽，可制风铃等工艺品。

分布于南海。

球海胆科 Strongylocentrotidae

② **马粪海胆** *Hemicentrotus pulcherrimus*

壳低半球形，直径至 60 mm，很坚固。管足孔每 4 对排列成很斜的弧形，斜的程度几乎成了水平的位置。棘短而尖锐，密生在壳的表面。栖息于沙砾质底潮间带至浅海，常生活于海藻床的石块下或石缝中。

分布于渤海、黄海和东海。

盾形目 CLYPEASTEROIDA   蛛网海胆科 Arachnoididae

③ **扁平蛛网海胆** *Arachnoides placenta*

壳薄，直径至 60 mm，近圆形，瓣状区域很宽，末端张开。反口面中央有筛板及 4 个生殖孔。围肛部在反口面壳的后部，从肛门到壳缘有一短凹槽，并在壳缘形成一深缺刻。围口部在中央，略凹陷。大棘细短，呈绒毛状，密生在壳面。栖息于沙质底潮间带，常半埋于砂中。

分布于东海和南海。

海参纲 HOLOTHUROIDEA

盾手目 ASPIDOCHIROTIDA   海参科 Holothuriidae

④ **玉足海参** *Holothuria leucospilota*

体呈圆筒状，长至 300 mm，后部常较粗大。口偏于腹面，有触手 20 个。背面散生少数疣足和管足。腹面管足较多，排列无规则。幼小个体常栖息于潮间带珊瑚礁或岩石下，成体多生活在石块多的水洼中。

分布于南海。

1 黑海参 *Holothuria atra*

体呈圆筒状,长至 300 mm,口偏于腹面,触手 20 个。背面的疣足少而小,散生不规则。腹面管足小而密集,排列也不规则。身体表面常粘有许多砂砾,并在背面留下 3～6 对不覆砂的圆斑。栖息于沙质底潮间带或珊瑚礁中。

分布于南海。

2 红腹海参 *Holothuria edulis*

体呈细圆筒状,长至 400 mm,口偏于腹面,具触手 20 个。肛门在身体后端。背面有少数小疣足,散生。腹面管足排列不规则。栖息于珊瑚礁中。

分布于南海。

3 黄疣海参 *Holothuria hilla*

体呈圆筒状,长至 400 mm,前端较细。口在前端腹面,具触手 20 个,触手颜色为淡黄色。背面有 6 列大型圆锥状疣足。栖息于珊瑚礁中或石块下。

分布于南海。

刺参科 Stichopodidae

4 仿刺参 *Apostichopus japonicas*

别名:刺参

体壁厚而柔软,体呈圆筒状,长至 400 mm。背面和腹面区别明显:背面隆起,上有 4～6 行大小不等、排列不规则的圆锥形疣足;腹面平坦,管足密集,排列成不很规则的 3 纵带。口偏于腹面,具楯形触手 20 个。肛门偏于背面。栖息于岩礁质底浅海,幼小个体多生活在潮间带,生活在波流静稳、海草繁茂和无淡水注入的港湾内。这是一种重要的食用海参。

分布于渤海和黄海。

5 绿刺参 *Stichopus chloronotus*

体呈四方柱,长至 300 mm。背面的肉刺高,沿着背面两侧交互排列成两个双行。触手 20 个,腹面管足很多,排列成 3 纵带。栖息于珊瑚礁中、长有海草的珊瑚砂上和潟湖内被清洁海水冲刷之处。

分布于南海。

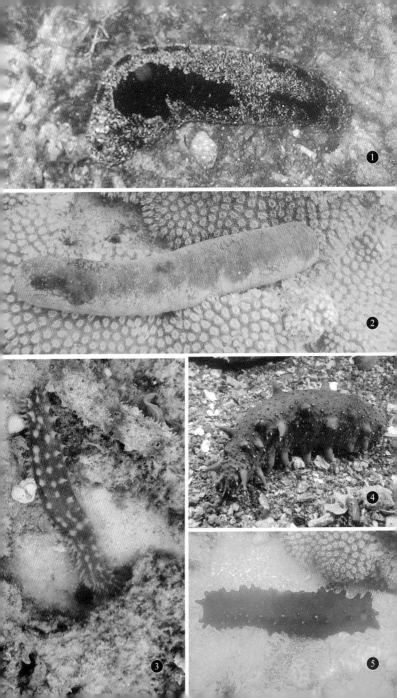

无足目 APODIDA　锚参科 Synaptidae

1 棘刺锚参 *Protankyra bidentata*

体呈蠕虫状，长至 280 mm。管足和疣足缺。体壁薄，稍透明，常从体外稍能透见其 5 条纵肌。触手指状。体壁内有大型的锚和锚板，触感粗涩。栖息于泥沙质底潮间带至浅海。

我国沿海广分布。

2 斑锚参 *Synapta maculata*

身体细长无管足，呈蛇形，长至 2 m。沿着步带有 5 条褐色纵条纹。羽状触手 15 个。体壁薄，不透明。栖息于珊瑚礁中。

分布于南海。

指参科 Chiridotidae

3 紫轮参 *Polycheira rufescens*

体呈蠕虫状，长至 150 mm。体壁薄，无管足，身体平滑。皮肤内有许多大小不等，由轮形骨片聚集成堆的轮疣，肉眼也能看见。栖息于高潮线附近的岩石下，常集群生活。

分布于南海。

半索动物门 HEMICHORDATA　肠鳃纲 ENTEROPNEUSTA

殖翼柱头虫科 Ptychoderidae

4 柱头虫 *Balanoglossus* sp.

体呈蠕虫状，长至 110 mm。吻亚圆锥形，具褐色云斑，背部中央具 1 条较深的纵沟，显著长于领。穴居于泥质潮间带至浅海。

分布于东海。

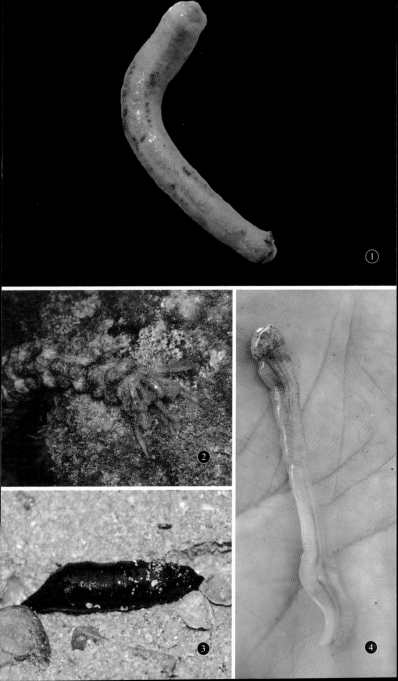

被囊动物门 TUNICATA   海鞘纲 ASCIDIACEA

复鳃目 STOLIDOBRANCHIATA   柄海鞘科 Styelidae

1 豆海鞘 *Cnemidocarpa* sp.

体长至 26 mm，壶形。低矮，侧扁，基部宽。体表橙红色，外常附有大量细沙颗粒。水管稍长，管口方形，具不明显的白色纵纹。固着于潮间带岩礁上。

分布于南海。

2 柄海鞘 *Styela clava*

体长至 105 mm，棒状，基部呈细柄状。体表粗糙，黄褐色。水管短，具 4 个叶瓣。固着于码头、船坞、船体，以及海水养殖的海带筏和扇贝笼上。

分布于渤海和黄海。

脊椎动物门 CRANIATA   辐鳍鱼纲 ACTINOPTERYGII

鲱形目 CLUPEIFORMES   鳀科 Engraulidae

3 刀鲚 *Coilia nasus*

别名：刀鱼

体长至 26 cm。体长而侧扁，向后渐细尖呈尖刀状，被薄而大的圆鳞，无侧线。胸鳍鳍条细长，有 6 个长的细丝，臀鳍长，并与尾鳍相连，尾鳍短小。平时生活在海里，繁殖季节由海入江，进行生殖洄游。产卵群体沿江上溯进入湖泊和支流，或就在干流的浅水弯道处产卵。当年幼鱼顺流而下在河口区育肥，而后回归海中。

我国沿海广分布。

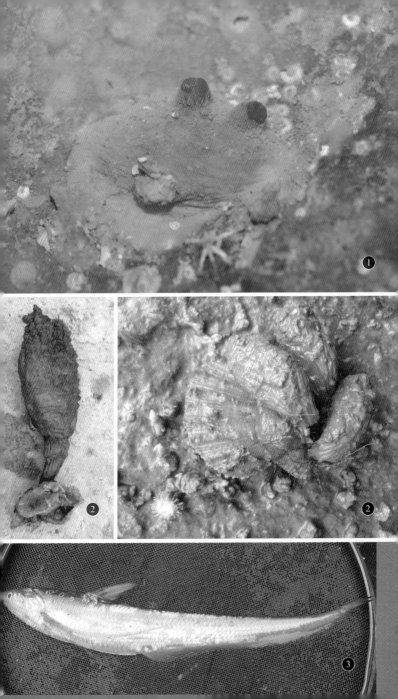

仙女鱼目 AULOPIFORMES　龙头鱼科 Harpodontidae

❶ 龙头鱼 *Harpodon nehereus*

体长至 40 cm，长而侧扁。柔软，稍透明，大部光滑无鳞。眼小。口裂甚大，两颌牙密生、细尖，能倒伏。常底栖于泥质底浅海。

分布于东海和南海。

鲻形目 MUGILIFORMES　鲻科 Mugilidae

❷ 鮻 *Liza haematocheila*

体长 40 cm，圆筒形。背部较平直，腹部圆，被圆鳞。眼较小，稍带红色；脂眼睑不发达，仅存在于眼的边缘。栖息于近岸浅海，也能通过河口进入淡水中。

我国沿海广分布。

颌针鱼目 BELONIFORMES　鱵科 Hemiramphidae

❸ 间下鱵 *Hyporhamphus intermedius*

体长至 15 cm，细长，侧扁，被圆鳞。下颌延长成喙状，喙长略等于头长。栖息于近岸浅海，也能通过河口进入淡水中。

我国沿海广分布。

金眼鲷目 BERYCIFORMES　金鳞鱼科 Holocentridae

❹ 点带棘鳞鱼 *Sargocentron rubrum*

体长至 32 cm，椭圆形，中等侧扁，被强栉鳞。眼大，位于头侧上方。背鳍鳍棘发达。体侧具 6 ～ 8 条具金属光泽的白色纵纹。栖息于浅海岩礁和珊瑚礁中。

分布于东海和南海。

鲈形目 PERCIFORMES　鮨科 Serranidae

❺ 玳瑁石斑鱼 *Epinephelus quoyanus*

体长至 40 cm，椭圆形，侧扁而粗壮，被细小栉鳞。眼小，短于吻长。体表密布圆形至六角形暗斑，斑间隔狭窄自成网状图案。栖息于近岸岩礁或珊瑚礁中。

分布于东海和南海。

1 **中国花鲈** *Lateolabrax maculates*

体长至 40 cm，体延长而侧扁。侧线完全与体背缘平行，被细小栉鳞，皮层粗糙，鳞片不易脱落。栖息于近岸浅海，尤喜河口咸淡水水域。

我国沿海广分布。

石首鱼科 Sciaenidae

2 **棘头梅童鱼** *Collichthys lucidus*

体长至 14 cm，体延长而侧扁。背部呈浅弧形，被小圆鳞，易脱落。头大而钝短，额部隆起，粗糙不平。尾柄细长，尾鳍末端黑色。底栖于近岸浅海。

我国沿海广分布。

裸颊鲷科 Lethrinidae

3 **红鳍裸颊鲷** *Lethrinus haematopterus*

体长至 25 cm，长卵圆形，侧扁，被栉鳞。各鳍浅红色。背鳍各鳍棘平卧时部分可折叠于背部浅沟内。栖息于沙或泥沙质浅海。

分布于南海。

鲷科 Sparidae

4 **黑棘鲷** *Acanthopagrus schlegeli*

体长至 45 cm，长卵圆形，侧扁，被栉鳞。体侧通常有 5～7 条黑色横带，除胸鳍为灰色，其余各鳍边缘均为黑色。栖息于近岸浅海。

分布于东海和南海。

蝲科 Teraponidae

5 **细鳞蝲** *Terapon jarbua*

体长至 14 cm，体高而侧扁，长椭圆形，被细小栉鳞。体侧有 3 条呈弓形的黑色纵走带，尾鳍具斜行的黑色条纹。底栖于近岸浅海。

分布于东海和南海。

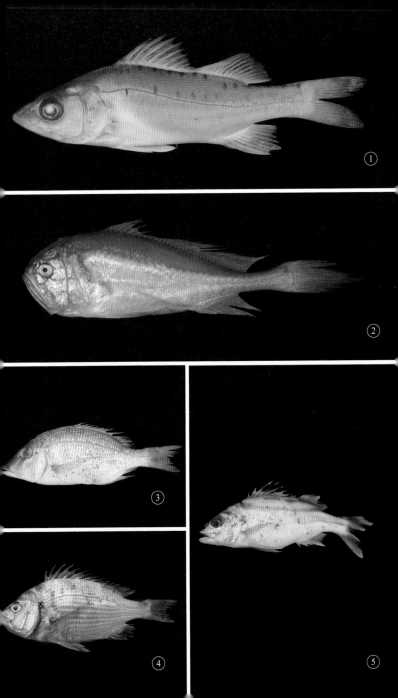

雀鲷科 Pomacentridae

1 七带豆娘鱼 *Abudefduf septemfasciatus*

体长至 25 cm，卵圆形，侧扁，被大栉鳞。吻短而略尖。眼中大，上侧位。体侧有 7 条深色横带，横带间隔小于横带宽度。栖息于浅海岩礁区。

分布于南海。

鳚科 Blenniidae

2 冠肩鳃鳚 *Omobranchus fasciolatoceps*

体长至 8 cm，长形。头背部略高，后部渐细，无鳞。头部有皮瓣高起，呈冠状。背鳍长，较高，无凹刻。头部有 3 条，体侧有 11 条灰白色横带。常栖息于河口区的竹筏、石块下方或红树林根部。

分布于南海。

蓝子鱼科 Siganidae

3 长鳍蓝子鱼 *Siganus canaliculatus*

体长至 30 cm，长椭圆形，侧扁，被小圆鳞。吻尖突。眼大，侧位。背鳍、臀鳍具硬棘，上有毒腺，被刺到会引起剧痛。栖息于浅海岩礁区，多生活于海藻床中。

分布于东海和南海。

虾虎鱼科 Gobiidae

4 斑尾刺虾虎鱼 *Acanthogobins ommaturus*

别名：尖沙鱼，推沙头

体长至 33 cm，前部圆筒形，后部侧扁而渐细，被圆鳞。头大，宽平，牙尖细。体侧常具 1 列黑斑，尾鳍基部常具 1 个较大黑斑。底栖于近岸浅海。穴居于泥质底浅海，亦可进入河口水域。

我国沿海广分布。

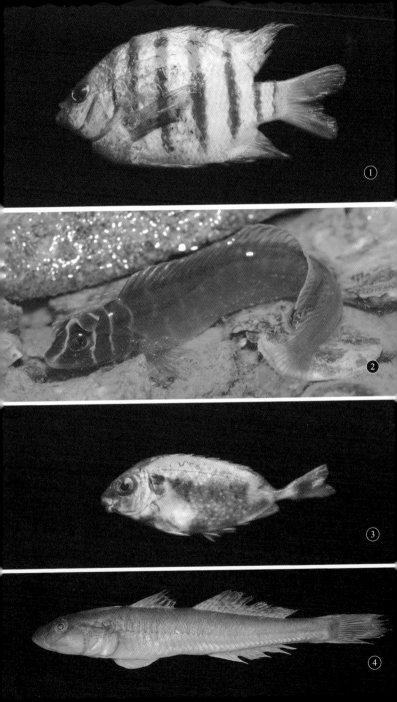

1 斑纹舌虾虎鱼 *Glossogobius olivaceus*

体长至 17 cm, 前部圆筒形, 后部侧扁而渐细, 被中大栉鳞。头大, 宽平。舌前端游离, 分叉。体侧中部具 4～5 个大黑斑, 尾柄基部具 1 个大黑斑。穴居于泥质底浅海, 亦可进入河口水域, 退潮后常见于水洼及岩石间隙的水中。

分布于东海和南海。

2 髭缟虾虎鱼 *Tridentiger barbatus*

体长至 30 cm, 前部圆筒形, 后部侧扁而渐细, 被较大栉鳞。头大, 宽平, 具许多穗状短须。体侧常具 5 条较宽的黑色横纹。穴居于泥质底浅海, 亦可进入河口水域, 退潮后常见于水洼及岩石间隙的水中。

我国沿海广分布。

3 纹缟虾虎鱼 *Tridentiger trigonocephalus*

体长至 10 cm, 前部圆筒形, 后部侧扁而渐细, 被栉鳞。头大, 宽平, 牙尖细。体侧常具 1～2 条黑褐色纵带及数条不规则横带。底栖于近岸浅海。穴居于泥质底浅海, 亦可进入河口水域, 退潮后常见于水洼及岩石间隙的水中。

我国沿海广分布。

4 弹涂鱼 *Periophthalmus modestus*

体长至 12 cm, 圆柱形, 被小圆鳞。头宽大, 眼较小, 突出于头背缘之上。吻短而圆钝。第 1 背鳍鳍棘不延长, 第 2 背鳍不抵尾鳍基部。穴居于泥质底高潮区以下。利用胸鳍和尾鳍在水面和滩涂上爬行或跳跃, 可用内鳃腔、皮肤和尾部作为呼吸辅助器, 只要身体湿润, 便能较长时间露出水面生活。

我国沿海广分布。

5 大弹涂鱼 *Boleophthalmus pectinirostris*

体长至 13.5 cm, 圆柱形, 被小圆鳞。头宽大, 眼较小, 突出于头背缘之上。吻短而圆钝。第 1 背鳍鳍棘丝状延长, 第 2 背鳍抵尾鳍基部。体表散布蓝色小斑点。习性同弹涂鱼。

我国沿海广分布。

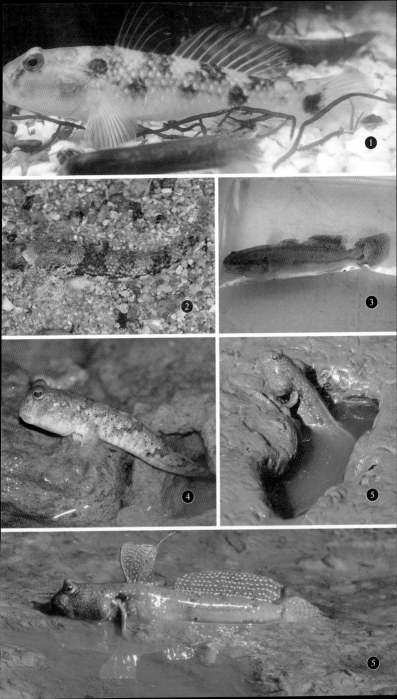

鳗鲡目 ANGUILLIFORMES　海鳝科 Muraenidae

① 网纹裸胸鳝 *Gymnothorax reticularis*

体长至 60 cm，伸长，侧扁，无鳞。头中大，锥形。眼小而圆，被半透明的皮膜。口大，口裂达眼后下方。背鳍、臀鳍和尾鳍较发达，相连续无胸鳍。体表具 15 ～ 22 条绿褐色横带。栖息于泥沙底浅海。

分布于东海和南海。

鲉形目 SCORPAENIFORMES　鲉科 Scorpaenidae

② 褐菖鲉 *Sebastiscus marmoratus*

体长至 25 cm，椭圆形，侧扁。除胸部被小圆鳞外，皆被栉鳞。头大，具显著的棘和棱。眼较大，上侧位。体侧具 5 条不规则暗色横纹。栖息于浅海岩礁区。

分布于黄海、东海和南海。

鲽形目 PLEURONECTIFORMES　舌鳎科 Cynoglossidae

③ 窄体舌鳎 *Cynoglossus gracilis*

别名：鞋底鱼，舌头鱼

体长至 30 cm，舌形，极侧扁。两眼均位于左侧，有眼侧被栉鳞，无眼侧被圆鳞。口小，下位，口裂弧形。无尾柄。底栖于沙或泥沙质底浅海，也能通过河口进入淡水中。

分布于黄海和东海。

鲀形目 TETRAODONTIFORMES　鲀科 Tetraodontidae

④ 暗纹东方鲀 *Takifugu obscurus*

体长至 30 cm，体椭圆形。裸露，仅背、腹部门中密布小刺。吻钝，口小，颌各具 2 个喙状牙板。尾部尖细。在胸鳍后上方体侧有 1 个镶有模糊白边的黑色圆形大斑。底栖于浅海，在河口咸淡水区产卵。遇敌时吸气胀成球形，漂浮水面。血及内脏有剧毒。

分布于渤海、黄海和东海。

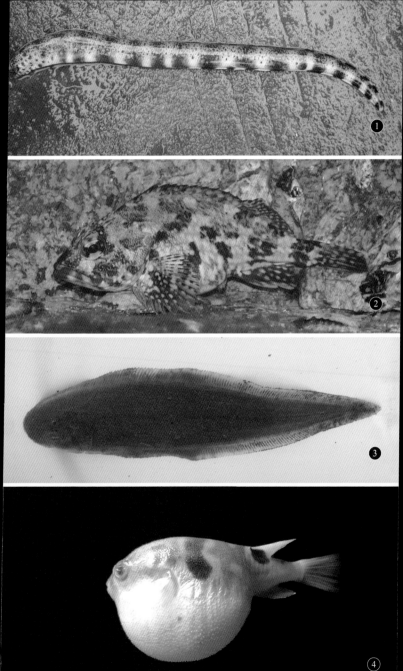

爬行纲 REPTILIA

龟鳖目 TESTUDINATA　海龟科 Chelonidae

① 海龟 *Chelonia mydas*

背甲长至 84 cm。背面橄榄绿色或棕褐色，杂有黄褐色的放射纹。头背及体背均覆以对称的鳞片。前额鳞 2 对。肋盾 4 对，椎盾 5 枚，平铺镶嵌排列。第 1 对肋盾不与颈盾相接。栖息于大陆架浅海。

黄海、东海和南海均有记录。

鸟纲 AVES

鹳形目 CICONIIFORMES　鹭科 Ardeidae

② 苍鹭 *Ardea cinerea*

成鸟：体长约 92 cm，全身青灰色，前额和冠羽白色，枕冠黑色。肩羽较长，头侧和颈部灰白，前颈具 2 ~ 3 条黑色纵纹。飞羽、翼角及两道胸斑黑色。嘴黄绿色。脚接近黄色。幼鸟：头及颈部灰色较重，但无黑色。叫声为深沉的呱呱声。常在沼泽、农田、海岸的浅水边长时间停立，冬季会结成小群。

分布于包括软底质海滨在内的我国全境。

③ 白鹭 *Egretta garzetta*

体长约 60 cm，全身洁白。繁殖期时，枕部生有 2 枚细长饰羽，肩背和胸部生有蓑羽。嘴黑色，脚黑色，脚趾黄绿色。繁殖期常集群筑巢于大树上，并在巢中频繁发出呱呱声，其余时候安静无声。常栖息于稻田、池塘、海岸、沿海溪流边。成散群进食，常与其他鹭类混群。

主要分布于包括软底质海滨在内的我国南方地区，部分种群冬季热带越冬。

颈盾

缘盾

肋盾
椎盾

鹳科 Ciconiidae

① 东方白鹳 *Ciconia boyciana*

成鸟体长约 105 cm，羽色纯白。两翼黑色，且具有铜绿色光泽。长腿红色，眼周裸露处皮肤粉红色，嘴大，宽而长，黑色。飞行时黑色的初级飞羽与纯白色体羽对比强烈。通过上下嘴的叩击发出"嗒嗒"声。性机警，步行缓慢而稳重。亚成鸟羽色为黄白色。栖息于开阔的沼泽和湿地。

主要繁殖于我国东北地区，越冬于包括软底质海滨的长江中下游及东南地区。全球性易危。

鹮科 Threskiornithidae

② 黑脸琵鹭 *Platalea minor*

体长约 76 cm，全身洁白，初级飞羽外侧为黑色。嘴长，黑色，先端扁平，形似琵琶，脸部裸露处皮肤黑色。脚及腿黑色。繁殖期冠羽、胸部和肩部羽色变为橙黄色。繁殖期外寂静无声。常在水塘、泥潭中缓慢步行，嘴在水中甩动寻找食物。一般单独或成小群活动。

繁殖于我国东北及朝鲜半岛周边岛屿，冬季至我国台湾及南部等地区越冬，迁徙期见于我国东部软底质海滨。全球性易危。

鹤形目 GRUIFORMES   鹤科 Gruidae

③ 灰鹤 *Grus grus*

体长约 125 cm，全身灰色。头顶冠黑色，中心暗红色，头及颈部深青灰色，自眼后有一道宽的白色条纹伸至颈背。背部和长而密的三级飞羽略沾褐色。嘴污绿色，嘴端偏黄，脚黑色。幼鸟体色较淡，头颈部及覆羽沾有少量黄棕色。栖息于湿地、沼泽及浅湖。迁徙时和越冬期也会停歇和取食于农耕地。繁殖期成对活动，迁徙和越冬期常结成较大的群。

繁殖于我国的东北及西北地区，冬季越冬于我国南方，迁徙期见于我国东部软底质海滨。

鸻形目 CHARADRIIFORMES 鸻科 Charadriidae

① 环颈鸻 *Charadrius alexandrinus*

体长约 15 cm。体羽褐色及白色。嘴短，黑色，腿黑色。头大而平。后颈具明显的白领圈。飞行时具白色翼上横纹，尾羽外侧更白。雄鸟胸侧具黑色块斑，雌鸟胸侧具褐色块斑，但均不连成完整胸带。亚成鸟体色偏黄褐色，并具明显的淡色羽缘。单独或成小群进食，常与其他涉禽混群。

常见于我国软底质海滨。繁殖于我国西北、华北、整个华东及华南沿海南方地区，越冬于我国南方、中南半岛及印度。

② 蒙古沙鸻 *Charadrius mongolus*

体长约 20 cm。嘴短而纤细，黑色。飞行时翼上有白斑。腿深灰色。繁殖期黑色穿眼纹从眼部至耳部，额白色，上体大部分灰褐色，后颈棕红色，胸部具弥散状棕红色。喉部有黑色细环，脸及额黑色。非繁殖期羽色以灰白色为主，黑色部分转为灰褐色，胸部的棕红色变为灰白色。亚成鸟胸部具淡黄褐色，体背灰褐色，羽缘淡色。常与其他涉禽混群，有时集大群。

繁殖于中亚至东北亚，主要越冬于非洲沿海、印度、东南亚、马来西亚及澳大利亚，少量在我国南部沿海地区越冬。迁徙期途经我国东部、南部软底质海滨。

③ 灰斑鸻 *Pluvialis squatarola*

体长约 28 cm。嘴短厚，黑色，头及上体褐灰色，杂以白斑。下体近白色，飞行时翼纹和腰部偏白色，黑色的腋羽于白色的下翼基部呈黑色块斑。繁殖期两颊、喉部及整个下体黑色，上体灰白色，并布有黑色的斑点。非繁殖期两颊、颈侧和胸部具浅黑褐色纵纹，腹部及尾下为白色。集小群取食。

繁殖于西伯利亚、阿拉斯加等地，越冬于热带及亚热带沿海地带。迁徙期途经我国东北、华东及华中地区，常见于我国软底质海滨。

鹬科 Scolopacidae

① 矶鹬 *Actitis hypoleucos*

体长约 20 cm。上体褐色，飞羽近黑色；下体白色，胸侧具褐灰色斑块。飞行时翼上具白色横纹，腰无白色，外侧尾羽无白色横斑。翼下具黑色及白色横纹。嘴短，深灰色。脚浅橄榄绿色。行走时头不停地点动。

繁殖于我国西北、中北及东北地区，冬季南迁至北纬 32° 以南的沿海、河流及湿地。常见于软底质海滨、山地稻田及溪流、河流两岸等不同生境。

② 黑腹滨鹬 *Calidris alpina*

体长约 19 cm。身体青灰色，眉纹白色，嘴黑色，嘴端略有下弯，尾中央黑色而两侧白色。繁殖期头顶栗褐色，具暗褐色纵纹，肩及上背黑褐色，羽缘栗红色，腹部白色，具大面积黑色斑块。脚绿灰色。亚成鸟背部及翅上覆羽具明显的淡色羽缘，胸腹为白色，胸部和腹部中央有排列整齐的黑褐色纵向斑点。栖息于软底质海滨，单独或成群，常与其他涉禽混群，集体觅食。

繁殖于全北界北部，迁徙时经过我国西北及东北至东南部地区，越冬于华中、华东、华南地区，尤其是长江中下游湿地。

③ 红颈滨鹬 *Calidris ruficollis*

体长约 15 cm。繁殖期羽头部、颈顶、上胸的体羽及翅上覆羽变为棕色或橙红色，头顶、后颈和背部布满栗棕色。非繁殖期上体灰褐色，多具杂斑及纵纹，眉纹白色，腰的中部及尾部深褐色，尾侧和下体白色。嘴黑色，脚黑色。常见于软底质海滨，结大群活动，敏捷行走或奔跑。

繁殖于西伯利亚北部，越冬于东南亚至澳大利亚，部分越冬于我国南部地区。迁徙时途径我国东部和中部地区。

① **黑尾塍鹬** *Limosa limosa*

体长约 42 cm。过眼纹显著，眉纹乳白色，上体杂斑少，尾端黑色，腰及尾基白色，翼上有明显的白色横斑。繁殖期头部、颈部、胸部为耀眼的棕红栗色，下体白色，有黑色的浓密横斑。非繁殖期羽下体灰色，无纵纹。嘴淡橙色，长而直，嘴端黑色。脚绿灰色，胫部较长。

繁殖于古北界北部，冬季南迁至非洲并远至澳大利亚。迁徙期经我国大部分地区，常见于我国软底质海滨、河流两岸及湖泊浅滩，多集群活动，少量个体于南方沿海及台湾越冬。

② **白腰杓鹬** *Numenius arquata*

体长约 55 cm。嘴很长而下弯，长度为头长的 3 倍以上。头部、颈部、胸部为黄褐色，密布黑褐色纵纹。背部灰褐色，缀有黄褐色羽缘。两胁多黑褐色纵纹。下背和腰部白色，渐变成尾部色及褐色横纹。下体白色，尾羽白色缀有黑褐色细横斑。脚青褐色。栖息于软底质海滨，多单独活动，有时结小群或与其他种混群。

繁殖于西伯利亚、我国东北地区等，迁徙时途经我国多数地区。冬季至长江中下游、华东、华南等地滨海湿地越冬，最远南迁至印度尼西亚及澳大利亚。

③ **青脚鹬** *Tringa nebularia*

体长约 32 cm。体色以青灰色为主。繁殖期头部、颈部密布黑褐色与白色相杂的纵纹，背部灰褐色，羽缘白色。非繁殖期上体灰褐色，头颈部具细纵纹。胸部、腹部白色，背部的白色长条斑块于飞行时尤为明显，翼下具深色细纹，尾部有稀疏的横斑。嘴灰色，较长而粗且略向上翘。脚黄绿色。常见于软底质海滨、内陆沼泽及河漫滩，通常单独或两三成群。

繁殖于亚欧大陆北部，迁徙期途径我国大部分地区，越冬于我国长江以南地区。

① **红脚鹬** *Tringa totanus*

体长约 28 cm。体色棕色偏灰，脚橙红色。嘴粗壮，嘴基半部为红色。繁殖期上体灰褐色，且密布黑褐色斑纹，胸具褐色纵纹。非繁殖期上体为单调的灰褐色。飞行时腰部白色明显，次级飞羽具明显白色外缘。尾上具黑白色横斑。通常结小群活动，也与其他水鸟混群。

繁殖于西伯利亚，迁徙期经过我国大部分地区，常见于华南及华东软底质海滨、盐田、干涸的沼泽及鱼塘、近海稻田，内陆偶见。越冬于我国长江流域及南方各省，远至澳大利亚。

② **翘嘴鹬** *Xenus cinereus*

体长约 23 cm。上体灰色，具黯白色半截眉纹，过眼纹黑褐色。黑色的初级飞羽明显。繁殖期肩羽具黑色条纹，腹部及臀白色。翅长不及尾端。飞行时翼上狭窄的白色内缘明显。嘴黑色，嘴基黄色，长而上翘。脚橘黄色。进食时与其他涉禽混群，但飞行时不混群，通常单独或一两只在一起活动，偶成大群。

繁殖于欧亚大陆北部，冬季南移远及澳大利亚和新西兰。迁徙时途径我国大部分地区，常见于我国软底质海滨、河漫滩。

反嘴鹬科 Recurvirostridae

③ **黑翅长脚鹬** *Himantopus himantopus*

体长约 37 cm。体高挑、修长，羽白色。嘴黑色，细长，两翼黑色，腿特别长且为粉红色。颈背具黑色斑块。幼鸟相对成鸟褐色较浓，头顶及颈背沾灰，羽缘为明显的淡黄褐色。栖息于软底质海滨及淡水沼泽地。

繁殖于新疆西部、青海东部及内蒙古西北部，我国其余地区均有过境记录，越冬于我国南方。

1 **反嘴鹬** *Recurvirostra avosetta*

体长约 43 cm。黑色的嘴细长而上翘，脚黑色。全身黑白相间，飞行时从下面看体羽全白，仅翼尖黑色。具黑色的翼上横纹及肩部条纹。栖息于软底质海滨，也停歇于河口及淡水沼泽地。

繁殖于我国北部，冬季结大群在我国东南沿海及西藏至印度越冬。

鸥科 Laridae

2 **须浮鸥** *Chlidonias hybridus*

体长约 25 cm。身体为浅白色，翼、颈背、背以及尾上覆羽灰色。尾部开叉较浅。繁殖期胸腹为较深的灰黑色，额自头顶至后颈部为黑色，眼部下侧为白色，嘴红色，脚红色。非繁殖期背部、翅淡灰色，眼后的黑斑延伸至枕部，嘴黑色，脚黑色。亚成鸟背部、肩部黑褐色，具淡棕色横斑及羽缘。常结小群活动，偶成大群，于自然滩涂或鱼蟹塘、稻田上空觅食，取食时扎入浅水或低掠水面。

繁殖于非洲南部、我国东半部，冬季南迁至南亚及澳大利亚。

3 **红嘴鸥** *Larus ridibundus*

体长约 40 cm。身体灰色及白色。繁殖期头部、喉部为暗棕褐色，具狭窄的白色眼圈，背部、肩部、翅为蓝灰色，初级飞羽末端的黑色异常明显。非繁殖期眼后具黑色斑点，深巧克力褐色的头罩延伸至头顶后。成鸟嘴红色，亚成鸟嘴尖黑色。脚红色。

繁殖于古北界，大量越冬于我国黄河流域、长江流域、华南地区和东南亚的湖泊、河流及沿海地区。

1 **蒙古银鸥** *Larus mongolicus*

体长约 60 cm。上体浅灰色至中灰色，前几枚初级飞羽外侧黑色，具白色的斑点，其余初级飞羽和次级飞羽外缘白色。腿浅粉红色，眼深黄色。嘴粗壮，下嘴前端具红点，有时略具黑色带。冬季头及颈背无褐色纵纹。栖息于沿海、内陆水域，呈现松散的集群。

繁殖于亚欧大陆北部，冬季经我国至印度洋越冬，也常见于我国北部、东部沿海。

2 **普通燕鸥** *Sterna hirundo*

体长约 35 cm。繁殖期额、头顶、枕部至后颈黑色，背部、翅灰色，喉部、胸部白色，腹部淡灰色，嘴黑色，嘴基红色。非繁殖期头顶至枕部为黑色，额白色，额至头顶具黑色细纹，嘴黑色。尾部开叉深。脚偏红色，冬季较暗。栖息于沿海水域，有时也会出现在内陆淡水区。飞行有力，从高处冲下水面取食。

繁殖于北美洲及古北界，冬季越冬于南美洲、非洲、印度洋、印度尼西亚及澳大利亚。迁徙时经过我国华南及东南滨海湿地。

鹃形目 CUCULIFORMES   杜鹃科 Cuculidae

3 **大杜鹃** *Cuculus canorus*

体长约 32 cm。上体灰色，尾偏黑色，腹部近白色而具深黑色细横斑。有些雌鸟为棕色，背部具黑色横斑。虹膜黄色，嘴上为深色，下为黄色，脚黄色。繁殖期叫声为响亮清晰的标准"布谷、布谷"声。具巢寄生产卵的习性，常产卵于东方大苇莺巢中。常见于滨海芦苇盐沼中。

繁殖于欧亚大陆，迁徙至非洲及东南亚。

雀形目 PASSERIFORMES　苇莺科 Acrocephalidae

❶ 东方大苇莺 *Acrocephalus orientalis*

体长约 19 cm。身体黄褐色，具显著的皮黄色眉纹，腹部白色，下体色重且胸具深色纵纹。上嘴褐色，下嘴偏粉色。脚灰色。叫声为喧闹的"呱呱唧"。栖息于滨海芦苇盐沼，也生活于稻田、沼泽及低地次生灌丛。

繁殖于由新疆北部和东部至华中、华东及东南地区。冬季至南亚、东南亚远至新几内亚及澳大利亚越冬。

莺鹛科 Sylviidae

❷ 震旦鸦雀 *Paradoxornis heudei*

体长约 18 cm。黄色的嘴带很大的嘴钩，黑色眉纹显著，额、头顶及颈背灰色，黑色眉纹上缘黄褐色而下缘白色。背黄褐色，通常上部具黑色纵纹。有狭窄的白色眼圈。中央尾羽沙褐色，其余黑色而羽端白色。翼上肩部浓黄褐色，飞羽较淡，三级飞羽近黑。脚粉黄色。

仅分布于我国黑龙江下游及辽宁沿海、长江流域的江苏及上海沿海地区，集小群栖息于芦苇丛中。我国东部及东北部至西伯利亚东南部的特有种，全球性近危。

哺乳纲 MAMMALIA

食肉目 CARNIVORA　海豹科 Phocidae

❸ 斑海豹 *Phoca largha*

体长至 198 cm，流线型。身体上有 1 ~ 2 cm 的暗色椭圆形点斑，全身斑点的分布和颜色深度相当平均，有些斑点围有浅色的环。无耳郭。触须浅色，念珠状。具 2 对附肢，称前鳍肢和后鳍肢，后鳍肢不能反折于体下，陆上运动能力差。

我国沿海均有记录，主要分布于渤海和黄海。渤海辽东湾的斑海豹种群是唯一能在我国海域繁殖的种群，资源曾十分丰富，后因环境污染和人为盗猎，数量锐减。

主要参考文献

[1] 戴爱云，杨思谅，宋玉枝，等．中国海洋蟹类 [M]．北京：海洋出版社，1986．

[2] 李冠国，范振刚．海洋生态学 [M]．北京：高等教育出版社，2004．

[3] 刘瑞玉．中国海洋生物名录 [M]．北京：科学出版社，2008．

[4] 约翰·马敬能，卡伦·菲利普斯，何芬奇．中国鸟类野外手册 [M]．长沙：湖南教育出版社，2000．

[5] 徐凤山，张素萍．中国海产双壳类图志 [M]．北京：科学出版社，2008．

[6] 杨德渐，孙瑞平．中国近海多毛环节动物 [M]．北京：农业出版社，1988．

[7] 杨德渐，孙世春．海洋无脊椎动物学 [M]．青岛：中国海洋大学出版社，2005．

[8] 张素萍．中国海洋贝类图鉴 [M]．北京：科学出版社，2008．

[9] BRUSCA R C, BRUSCA G J. Invertebrates[M]. Massachusetts: Sinauer Associates, 2002.

[10] OAKLEY T H, WOLFE J M, LINDGREN A R, et al. Phylotranscriptomics to bring the understudied into the fold: Monophyletic Ostracoda, fossil placement, and pancrustacean phylogeny[J]. Molecular Biology and Evolution, 2013, 30 (1): 215-233.

[11] RUGGIERO M A, GORDON D P, ORRELL T M, et al. A Higher Level Classification of All Living Organisms [J]. PLoSONE, 2015, 10 (4): 1-60.

[12] WADA K, SAKAI K. A new species of Macrophthalmus closely related to M. japonicus (de Haan) Crustacea: Decapoda: Ocypodidae [J]. Senckenbergiana Maritima, 1989, 20 (3/4) : 131-146.

[13] ZHANG Z Q. Animal biodiversity: An update of classification and diversity in 2013. In: Zhang, Z. Q. (Ed.) Animal Biodiversity: An Outline of Higher ~ level Classification and Survey of Taxonomic Richness [J]. Zootaxa, 2013, 3703 (1) : 5-11.

[14] ZHANG Z Q. Phylum Athropoda. In: Zhang, Z. Q. (Ed.) Animal Biodiversity: An Outline of Higher~level Classification and Survey of Taxonomic Richness [J]. Zootaxa, 2013, 3703 (1) : 17-26.

《常见海滨动物野外识别手册》编委会

主 编：刘文亮　严 莹

策 划：鹿角文化工作室

编者及编写分工（以编写物种数为序）：

刘文亮（多孔动物门、扁形动物门、纽形动物门、环节动物门、星虫动物门、螠虫动物门、软体动物门、螯肢亚门、甲壳动物亚门、腕足动物门、半索动物门、被囊动物门），陈志云（腹足纲、掘足纲），张均龙（多板纲、双壳纲），陈万东（腹足纲、双壳纲），蒋维（蟹类），肖宁（棘皮动物门），何鑫（爬行纲、鸟纲、哺乳纲），张衡（鱼类），李阳（珊瑚纲），吴旭文（环节动物门），严莹（昆虫），沙忠利（寄居蟹），张芳（栉板动物门、水母纲），黎静（蜘蛛），刘会莲（苔藓动物门），田莹（腹足纲），刘毅（耳螺科），安建梅（寄生等足类），程方平（毛颚动物门、桡足类），林岢璇（环节动物门）

摄影（以提供照片数为序）：

刘文亮　严 莹　蒋 维　陈志云　何 鑫　张均龙　曾晓起
李 阳　顾云芳　陈万东　田 莹　肖 宁　张 芳　李坤瑄
安建梅　倪孝品　张佳蕊　程方平　蔡志扬　成黎明　何文珊
黎 静　林岢璇　刘 毅　刘 晔　王 斌　熊李虎　章 靖